视频剪辑自学通

剪映 专业版 快速掌握

史宇宏 编著

人民邮电出版社

北京

图书在版编目（CIP）数据

视频剪辑自学通：剪映专业版快速掌握 / 史宇宏编
著. -- 北京：人民邮电出版社，2025. -- ISBN 978-7
-115-65834-0

Ⅰ. TP317.53

中国国家版本馆 CIP 数据核字第 2025Z5J166 号

内 容 提 要

本书系统、深入地介绍了剪映专业版视频剪辑的各个方面，采用易于理解的语言，配合丰富的实例，细致地阐释了剪映专业版的各项功能和操作技巧。

本书系统地讲解了剪映专业版视频剪辑的核心知识。首先，书中介绍了视频剪辑的基础知识以及剪映专业版的优势和界面布局，为读者提供了对视频剪辑的初步了解。随后，书中深入探讨了核心功能，包括轨道和素材的全面操作、视频基础编辑与抠像技术、人物美颜与美体的多样化处理方法，以及变速、动画、跟踪和调节的多种效果。此外，还详细介绍了文本、字幕和音频的编辑技巧，以及关键帧蒙版等特效的应用。最终，通过多个综合案例，展示了剪映专业版在不同场景下的强大功能，帮助读者全面掌握视频剪辑技能，提高创作能力。

本书专为初学者和寻求剪辑技术提升的读者量身打造。无论是个人短视频创作者，还是从事电影、电视、广告、社交媒体及音乐视频制作的专业人士，都能从本书中汲取实用的知识和技巧。

本书配有数字资源包，包括素材文件、工程文件（书中案例）和长达 1550 分钟的视频讲解，请读者详细阅读本书封底的说明（如何获取和使用）。

◆ 编　著　史宇宏
　　责任编辑　黄汉兵
　　责任印制　马振武

◆ 人民邮电出版社出版发行　　北京市丰台区成寿寺路 11 号
　　邮编　100164　电子邮件　315@ptpress.com.cn
　　网址　https://www.ptpress.com.cn
　　临西县阅读时光印刷有限公司印刷

◆ 开本：787×1092　1/16
　　印张：12.75　　　　　　　　2025 年 5 月第 1 版
　　字数：404 千字　　　　　　2025 年 5 月河北第 1 次印刷

定价：79.80 元

读者服务热线：(010)53913866　印装质量热线：(010)81055316
反盗版热线：(010)81055315

PREFACE | 前言

在数字化内容创作迅速崛起的今天，视频剪辑已经变成了一项极具影响力的技能，它在电影、电视节目、广告、社交媒体及音乐视频等多个领域中得到了广泛应用。本书以剪映专业版为对象，精心构建了一套全面、系统且实用的视频剪辑教程，目的是帮助读者迅速掌握视频剪辑的技巧，增强创作能力，以满足日益增长的视频创作需求。

本书的编写遵循由浅入深、循序渐进的原则，将复杂的视频剪辑知识和操作技能进行了细致的拆解，从基础知识到高级技巧，逐步引导读者深入学习。通过丰富多样的案例，将理论知识与实际操作紧密结合，使读者在实践中理解和掌握剪映专业版的各项功能，确保读者能够轻松上手，快速将所学知识转化为实际创作能力。

全书共分为 8 章。

第 1 章详细介绍了视频剪辑的概念、步骤及剪映专业版与视频剪辑的关系，同时对剪映专业版的初始界面和各个界面组件进行了介绍，为读者后续的学习奠定坚实的基础。

第 2 章聚焦轨道与素材，讲解了轨道的由来、类型、层级关系，以及素材的基本操作和编辑方法，使读者熟练掌握素材处理的技巧。

第 3 章深入探讨视频的基础编辑与抠像，涵盖基础编辑、智能效果和抠像效果等内容，帮助读者掌握提升视频画面的质量和效果的能力。

第 4 章针对人物美颜与美体，介绍了一系列人物美化的方法和技巧，满足不同场景下的人物形象塑造需求。

第 5 章阐述了变速、动画、跟踪与调节的相关知识，包括视频速度调整、动画效果添加、跟踪效果应用以及画面调色效果，为视频增添更多的视觉吸引力。

第 6 章详细讲解了文本、字幕与音频的编辑和处理方法，从文本特效制作到音频处理，丰富视频的内容和表现力。

第 7 章重点介绍关键帧、蒙版与其他效果，如关键帧动画制作、蒙版动画应用以及特效、转场和贴纸的使用，提高特效制作水平。

第 8 章通过 13 个综合案例，全面展示了剪映专业版在实际视频剪辑中的强大功能和广泛应用，帮助读者巩固所学知识，提高综合创作能力。

本书内容丰富全面，结构清晰合理，既注重理论知识的讲解，又强调实际操作的重要性。

在编写过程中，力求知识点精练准确，语言通俗易懂，确保不同层次的读者都能轻松理解和掌握。同时，为了方便读者学习，本书所有内容均配备了高清教学视频，读者可随时随地观看学习，如同拥有一位专属的视频剪辑导师。此外，还提供了丰富的教学资料包，包括案例操作视频、素材文件、效果文件以及学习资料等，为读者的学习提供全方位的支持。

希望本书能够成为广大视频剪辑爱好者的得力助手，无论是零基础的初学者，还是有一定基础希望进一步提升技能的人员，都能从本书中获得启发和帮助，开启精彩的视频剪辑创作之旅。如有不足之处，恳请广大读者批评指正，以便我们不断完善和改进。编者邮箱：yuhong69310@163.com。

编 者
2025 年 1 月

CONTENTS |目录

1

01

第1章
快速掌握剪映专业版

本章导读

　　剪映专业版在视频剪辑领域广受欢迎。本章将引领读者走进剪映专业版的世界，认识其在视频剪辑中的核心地位。通过对视频剪辑基础知识的讲解，让读者理解剪辑的概念、步骤及应用领域，明确剪映专业版与视频剪辑的紧密联系，掌握其初始界面及各组件功能，为后续深入学习奠定坚实的基础，开启一段精彩的视频剪辑探索之旅。

▶ **本章学习内容**

- 关于视频剪辑
- 剪映专业版的初始界面
- 剪映专业版的界面组件

1.1 关于视频剪辑

在这一节中，我们将首先深入探讨视频剪辑的相关知识，以便为接下来的学习打下坚实的基础。

1.1.1 知识讲解——视频剪辑的概念、步骤与应用对象

1. 视频剪辑的概念

"视频剪辑"是指对原始视频进行编辑、加工与重组的过程。在这一过程中，剪辑人员需要根据创作思路和艺术审美，从原始素材中精心挑选内容，并运用专业的剪辑技巧，打造出具有连贯性、故事性和艺术表现力的完整视频作品。这样的作品不仅能够吸引观众的注意力，还能引发情感共鸣，有效传达特定的信息或主题。

对于静态图片，可以通过剪辑为其添加丰富的特效、转场、动画、字幕以及合适的背景音乐，从而将其转化为生动的动态视频。例如，图1-1展示了3张普通的静态夜景图片。这些图片在未经处理时，仅以静态形式呈现夜景的某些元素，显得较为单调。

图1-1 3张静态夜景图片

利用剪映专业版对这3张图片进行剪辑时，通过精心选择转场效果（如淡入淡出、旋转切换等）以及添加符合夜景氛围的动画（如星星闪烁、光影流动等特效），可以将静态图片转化为动感十足、充满吸引力的动态视频，如图1-2所示。

图1-2 静态图片剪辑后的动态效果展示

对于视频而言，无论是故事情节杂乱无章，还是镜头零碎分散，都可以利用剪映专业版进行剪辑。我们可以从这些零碎的镜头和杂乱的情节中筛选出有用的画面，重新组合并添加特效、背景音乐等元素，将其创作成一段情节完整、画面清晰、色彩绚丽的视频。此外，对于那些看似普通的视频画面，通过添加特效、转场、贴纸、字幕以及滤镜等，可以让画面焕然一新，呈现出更加引人入胜的效果。

图1-3展示了一段看似平淡无奇的登山短视频画面。然而，通过剪映专业版对画面进行艺术加工，添加落叶、大雾、光线、飘落的花瓣等特效后，视频呈现出截然不同的场景氛围。

图 1-3　视频剪辑效果对比

2. 视频剪辑的步骤

视频剪辑主要包含以下若干步骤。

（1）选择素材

视频是由画面、声音和字幕等多种元素构成的艺术作品。因此，在剪辑过程中，图片、视频片段、音频文件以及字幕文本等都是关键的创作素材。这些素材可以通过个人拍摄、原创制作或合法渠道购买获得。在开始项目前，需提前搜集并准备好合适的素材。

特别需要注意的是，如果视频剪辑中使用的素材并非由制作者亲自拍摄或创作，则必须事先取得相应的使用授权。这不仅适用于视频和图像素材，还包括背景音乐、配音以及其他任何形式的音频内容。未经许可擅自使用他人作品，可能侵犯版权、著作权甚至肖像权等相关法律法规，从而引发法律纠纷。为避免此类问题，建议始终遵循正确的版权规范，包括但不限于以下措施：

· 仔细阅读并理解所购素材的许可协议；

· 对于网络上找到的免费资源，确认其是否明确标注为可商用且无需额外付费；

· 在无法确定某项素材的使用权归属时，主动联系原作者或版权持有者以获取明确授权。

通过采取上述措施，不仅可以保护自身的合法权益，还能促进整个创意产业的健康发展。

（2）剪辑素材

在这一阶段，需对已准备好的图片、视频片段、音频文件及字幕等素材进行初步处理。具体操作包括但不限于：切割不需要的部分、裁剪以适应特定画面比例或视角需求、删除无关内容等。通过这些步骤，筛选出最能体现创意意图且质量最佳的素材，供后续使用。

（3）加工完善

接下来是对初步筛选后的素材进行深度编辑，以构建一个具有完整叙事结构的新作品。此过程可能包括：重组不同元素的位置关系、合并多个片段以实现流畅过渡、添加额外的视觉效果（如图片插入与字幕制作）、配置合适的背景音乐或音效等。最终目标是创作一段故事连贯且视听体验极佳的视频内容。

（4）艺术处理

为提升视频的整体观赏性和艺术性，在前几步的基础上，还需对其进行进一步的艺术化修饰。具体措施包括：通过色彩校正增强画面美感，运用特效和滤镜提升视觉冲击力，设计精致的转场动画以实现自然平滑的场景转换，甚至加入动画元素以丰富表现手法。这些修饰旨在使最终成品达到更高水平的专业标准。

（5）导出与发布

完成所有编辑工作后，下一步是根据各平台的技术规范将视频导出为相应格式。由于不同社交媒体、网站或移动设备可能存在分辨率、比特率等播放要求，因此选择正确的输出设置至关重要。最后一步是将成品上传至选定的分发渠道，让观众能够轻松访问并欣赏你的创作成果。

3. 视频剪辑的应用领域

视频剪辑技术广泛应用于多个领域，除个人短视频制作外，还包括以下场景。

· 影视制作：电影、电视剧的后期制作。

· 广告行业：商业广告片的创意呈现。

· 社交媒体：短小精悍的内容分享。

· 新闻媒体：报道事件时使用的多媒体材料整合。

· 音乐产业：MV（音乐视频）及其他相关视频产品的开发。

1.1.2 知识讲解——视频剪辑中的操作对象

如前所述，视频是由画面、声音和字幕等元素共同构成的。虽然视频元素可能包含其他相关内容，但从核心要素来看，画面、声音和字幕是其主要的组成部分。因此，在视频剪辑中，操作对象通常围绕画面、声音和字幕展开。

1. 画面

画面是视频中最直观的元素，分为静态画面和动态画面两种。静态画面是静止的，通常由图片素材呈现。虽然静态画面在任何时间点的内容都相同，但可以通过专业的视频编辑软件（如剪映专业版）为其添加关键帧、特效、转场以及动画等效果，从而将其转化为具有动感的动态画面。

例如，在剪映专业版中为一幅作者自拍图片添加入场和出场动画后，原本静态的图片便具有了动态效果（如图 1-4 所示）。这种处理方式不仅提升了视觉吸引力，还显著增强了整体的观看体验。

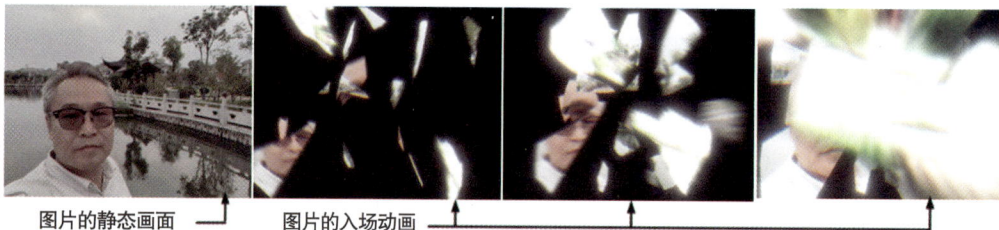

图 1-4 图片添加动画后的动态效果

除了静态画面外，视频中更多的是由视频片段提供的动态画面。这些画面内容丰富，在每个时间点上都会显示不同的内容。例如，一个帧率为 30 帧/秒（fps）的视频，每秒会显示 30 帧不同的画面（如图 1-5 所示）。动态画面是视频的核心内容，也是剪辑的重要操作对象。通过对动态画面进行切割、重组和优化，可以创造出更加吸引人的视觉体验。

图 1-5 视频不同时间点的画面效果

2. 声音

声音虽然看不见，却是视频中不可或缺的重要元素。一段看似平淡无奇的视频，如果为其添加了合适的音频，往往能为视频营造出不同的场景氛围，从而显著提升视频的整体质量。音频可以包括背景音乐、环境音效、旁白解说等多种形式，它们共同作用于观众的听觉，增强情感共鸣和叙事效果。

3. 字幕

在视频中，字幕同样具有重要的作用。它不仅可以对视频画面进行解释和说明，使观众获得更多信息，更容易理解画面所表达的内容，同时，通过调整字幕的颜色、添加特效或制作动画，可以丰富视频画面内容，增强视频的可观赏性。例如，在视频画面中添加字幕，并为字幕设置特效（如图 1-6 所示），不仅能够清晰地传达信息，还能增加视觉吸引力，使整个视频更加生动和引人入胜。

图 1-6　字幕素材效果

1.1.3　知识讲解——剪映视频剪辑的优势

目前，市面上可以进行视频剪辑的软件有很多，剪映与其他视频剪辑软件相比，具有以下优势。

1. 安装更容易，操作更简单

剪映专业版与其他视频剪辑软件不同，不仅安装非常简单，而且不需要占用太大的硬盘空间。用户只需根据自己的需求，在网页上搜索"剪映手机版"或"剪映专业版"，即可找到相关安装文件。图 1-7 所示为搜索剪映专业版的结果。

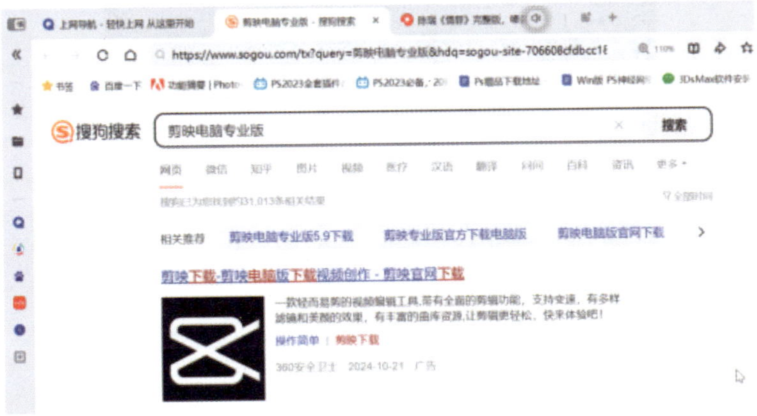

图 1-7　搜索剪映专业版的结果

在剪映官网下载剪映专业版的安装程序文件，然后双击启动安装程序文件，再根据提示进行操作，即可轻松将剪映专业版安装到自己的计算机上。安装完成后，会在用户的桌面上出现剪映专业版的启动图标，双击启动图标即可启动剪映专业版，进入其初始界面，如图 1-8 所示。

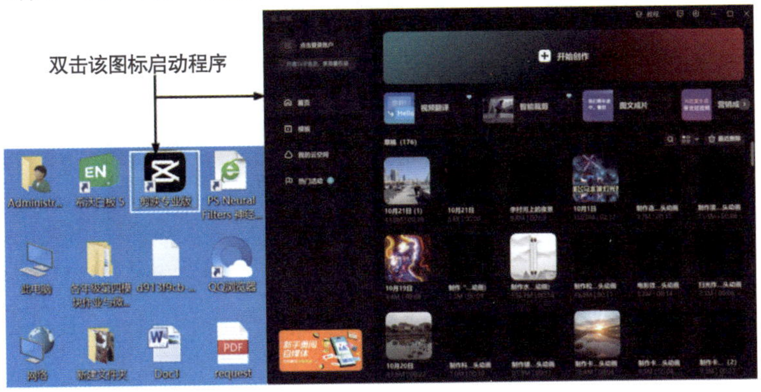

图 1-8　启动剪映专业版

此外,剪映专业版具有更人性化的界面设计,操作非常简单。即使是没有计算机操作基础的人员,只要稍加熟悉,就可以熟练操作剪映,并进行简单的视频剪辑。

2. 功能更强大

剪映专业版虽然操作简单,但功能全面且强大。它支持视频变速、设置入场和出场动画、文本变形、调色、音频加速、音视频分离、配音,以及贴纸、特效、滤镜、转场等多种功能。这些功能不仅能满足视频剪辑的基本需求,还能为视频制作多种特殊效果,使画面内容更加出色,如图1-9所示。

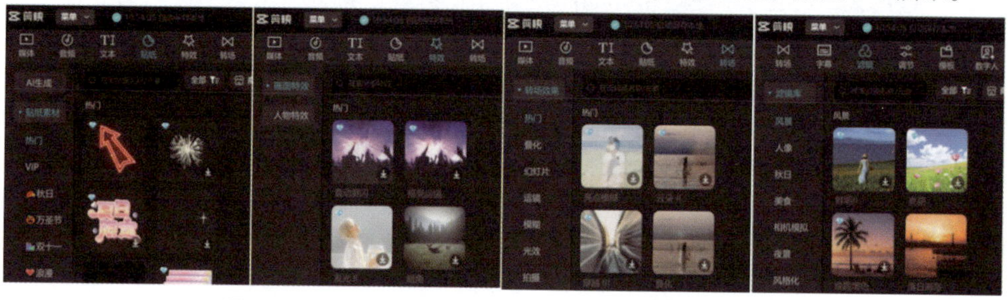

图1-9 剪映专业版中的贴纸、特效、转场及滤镜功能

3. 素材更丰富

视频剪辑的关键要素是要有丰富的素材,剪映专业版在其"素材库"为用户提供了丰富的素材,包括片头、片尾、背景、转场、氛围、情绪等多种类型,应有尽有,如图1-10所示。

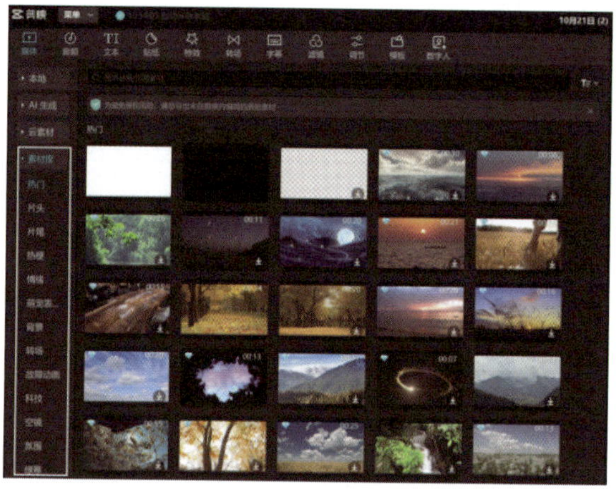

图1-10 剪映专业版素材库

此外,音频素材也非常丰富,包括音效和音乐。音效涵盖人声、动物鸣叫声以及大自然中的各种声音等,而音乐则包括流行歌曲和乐曲等。无论用户需要何种音频,都可以轻松找到,如图1-11所示。

图1-11 剪映专业版音频素材库

4. 支持多平台发布

通过剪映专业版剪辑的视频支持多平台发布，且可以直接发布。也就是说，在剪映中完成视频剪辑后，可以直接输出并将其发布到抖音、西瓜视频或今日头条等短视频平台，如图 1-12 所示。

图 1-12　导出与发布视频

1.2　剪映专业版的初始界面

启动剪映专业版后，会进入其初始界面。初始界面包括用户账号登录、开始创作、首页、模板、我的云空间以及热门活动等功能，如图 1-13 所示。

本节将首先介绍初始界面的各项功能。

1.2.1　案例引导——用户账号登录

剪映专业版允许用户注册账号，从而优先获取剪映发布的新功能和资讯。同时，用户还可以上传自己的作品赚取积分，并免费使用剪映专业版中的部分付费功能。注册账号后，只需单击左上角"点击登录账户"按钮进入登录界面进行登录，如图 1-14 所示。

图 1-13　剪映专业版的初始界面

图 1-14　登录界面

有关登录账号的操作非常简单，此处不再赘述。如果读者已注册会员，可自行登录。

1.2.2　案例引导——首页

启动剪映专业版后，初始界面即为首页，如图 1-13 所示。在首页中单击"开始创作"按钮，即可进入剪映专业版的创作界面进行创作，如图 1-15 所示。

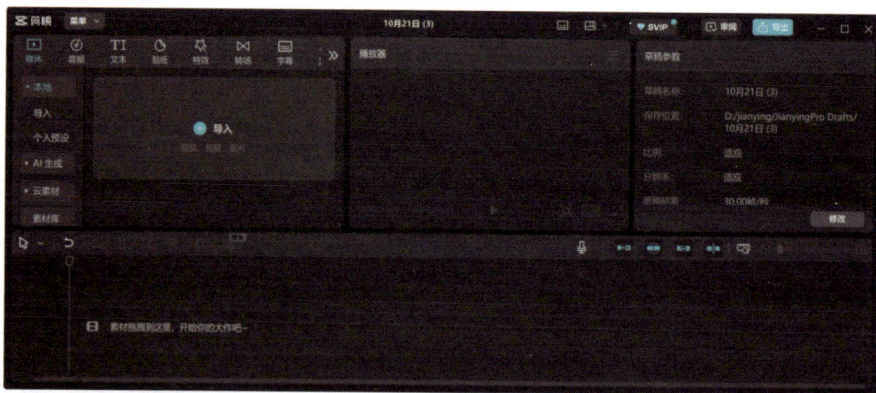

图 1-15　剪映专业版的创作界面

在该界面中，可以向轨道上添加素材并对素材进行剪辑，最后导出并发布。

在"草稿"列表中，用户可以查看已创作的视频草稿。选择一个草稿并单击，即可将其打开。例如，单击名为"9 月 30 日"的视频，即可进入创作界面，如图 1-16 所示。

图 1-16　打开草稿

此外，首页还展示了剪映的一些新功能。用户只需单击这些新功能即可启动并应用。例如，单击"智能裁剪"功能即可进入"智能裁剪"界面，如图 1-17 所示。

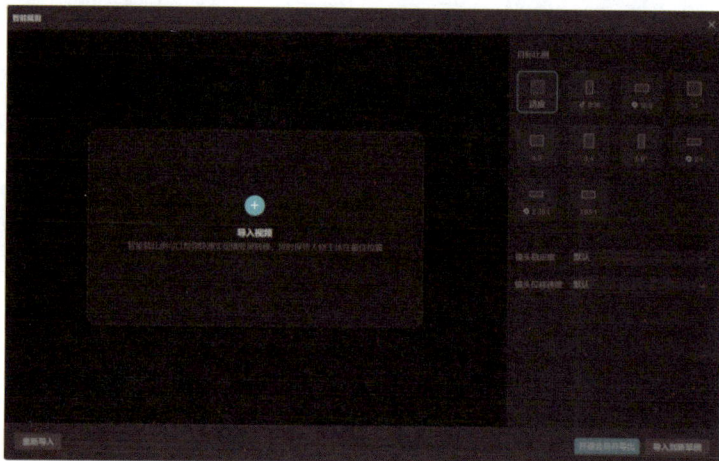

图 1-17　"智能裁剪"界面

单击"导入视频"按钮选择要裁剪的素材，在右侧选择裁剪方式即可进行裁剪，如图 1-18 所示。

图 1-18　智能裁剪素材

小贴士

剪映的许多功能为收费功能，用户需成为 SVIP 会员后才能使用。非 SVIP 会员的用户无法使用这些功能，或即使能够使用也无法导出。

1.2.3　案例引导——模板

单击左侧的"模板"按钮进入模板界面。剪映提供了多种视频剪辑模板供用户使用，类型包括风格大片、片头片尾、宣传等，如图 1-19 所示。

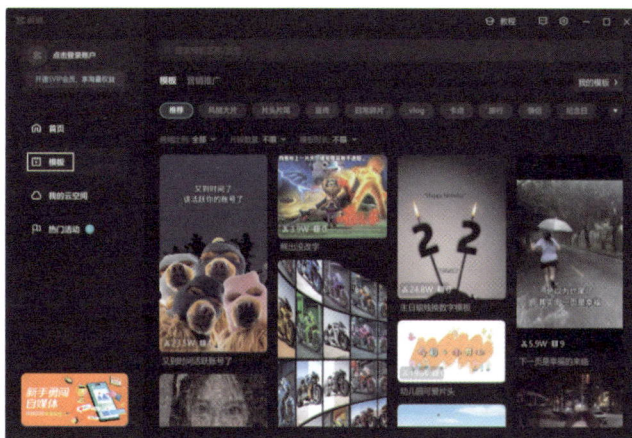

图 1-19　模板

例如，在"风格大片"选项下单击"高级蒙版卡点大片"模板，剪映将开始下载该模板。下载完成后，即可打开并使用该模板，如图 1-20 所示。

图 1-20　打开的模板

模板的使用较为简单。单击模板中的原有素材，使用自己的素材进行替换即可。替换素材的具体操作将在后续章节详细讲解，此处不再赘述。

1.2.4 案例引导——我的云空间

该功能用于创建用户的云空间。用户需注册会员并登录后，才能获得自己的云空间。将素材存储在云空间中，既不会占用计算机的硬盘空间，也便于视频剪辑，如图 1-21 所示。

1.2.5 案例引导——热门活动

单击该选项即可进入剪映专业版的热门活动介绍界面，如图 1-22 所示。

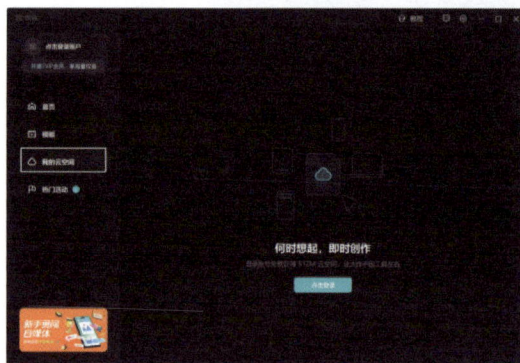

图 1-21 我的云空间　　　　　图 1-22 剪映专业版的热门活动页面 1

用户可根据自己的喜好参与剪映专业版的活动。单击感兴趣的标签即可查看活动规则及其他要求。例如，单击"贴纸创作者计划"标签，可打开网页查看相关要求和规定，如图 1-23 所示。

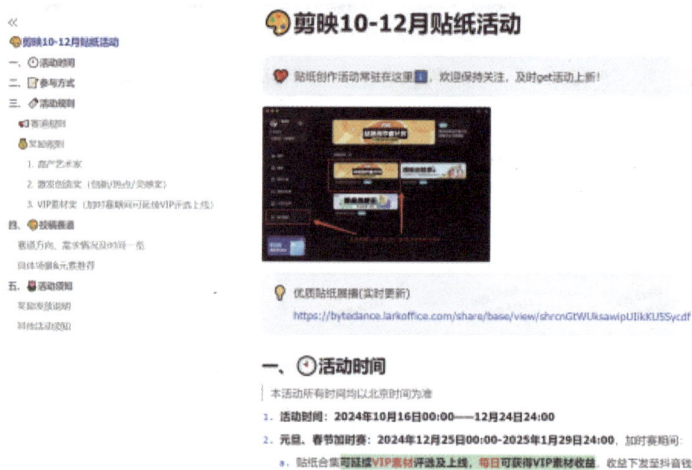

图 1-23 剪映专业版的热门活动界面 2

1.3 剪映专业版的界面组件

在初始界面进入"首页"选项，单击"开始创作"按钮即可进入剪映专业版的创作界面。创作界面主要由标题栏、素材区、播放器、属性区和时间线 5 大区域组成，如图 1-24 所示。

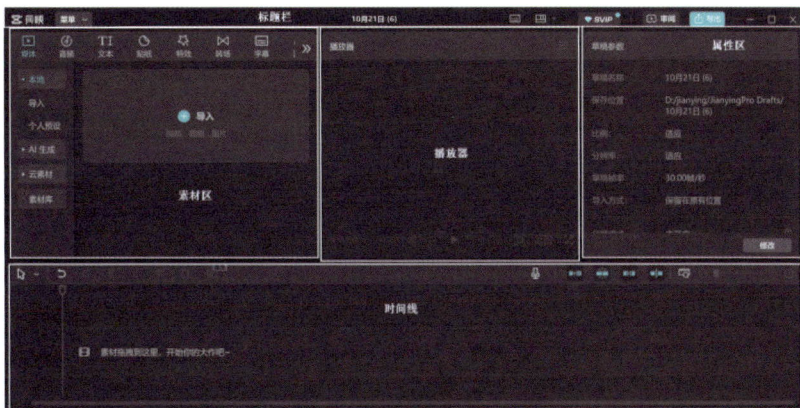

图 1-24　剪映专业版的创作界面

1.3.1　案例引导——标题栏

与其他应用软件类似，剪映专业版的标题栏包含剪映软件图标、菜单、当前日期、快捷键设置按钮、布局设置按钮、审阅按钮、导出按钮，以及界面的最小化、最大化和退出按钮等，如图 1-25 所示。

图 1-25　标题栏

单击"菜单"会显示菜单选项，主要包括文件、编辑、布局模式、更多操作、帮助、全局设置、返回首页和退出剪映等基本操作。每个菜单下有相关命令，执行这些命令可实现新建、导入、导出、设置布局等操作，如图 1-26 所示。

标题栏中间位置显示当前日期。单击▦"快捷键"按钮会打开剪映专业版的快捷键设置面板，包括"时间线""播放器""基础"和"其他"4 个面板。

"时间线"快捷键主要包括针对时间线中的素材操作快捷键，如裁剪素材、选择素材等，如图 1-27 所示。

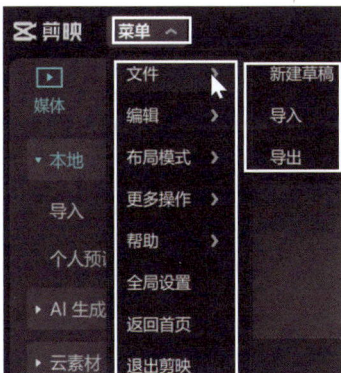

图 1-26　菜单栏

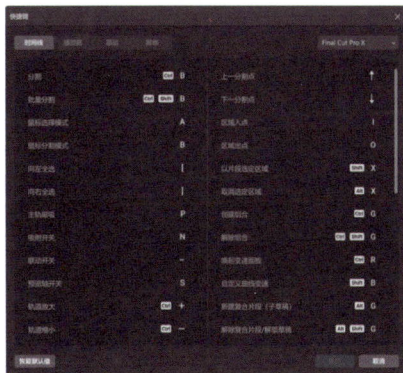

图 1-27　"时间线"快捷键

"播放器"快捷键主要包括视频播放时的操作快捷键，如暂停 / 播放、全屏 / 退出全屏等，如图 1-28 所示。

图 1-28　"播放器"快捷键

"基础"快捷键主要包括视频剪辑中的一些常规操作快捷键，例如复制、粘贴、剪切、删除等操作快捷键，如图 1-29 所示。

"其他"快捷键主要包括针对文本设置的一些快捷键，例如字幕拆分、调整文本框大小等，如图 1-30 所示。

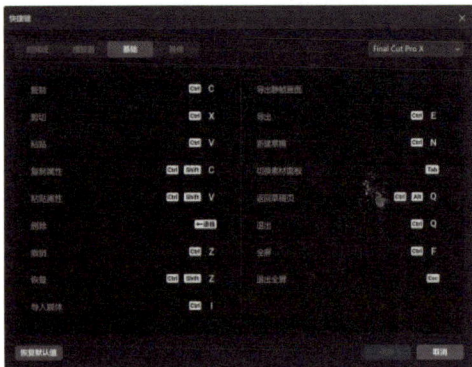

图 1-29 "基础"快捷键　　　　　　　　　　　图 1-30 "其他"快捷键

对于不同的快捷键，用户可以根据自己的喜好进行设置，以方便视频剪辑。

1.3.2 案例引导——素材区

素材区包括媒体、音频、文本、贴纸、特效、滤镜、转场、字幕、模板、调节等多个模块。

1. 媒体

进入"本地"选项，单击右侧的"导入"按钮即可将本地素材导入到素材区，如图 1-31 所示。

展开"AI 生成"选项，可以通过 AI 生成图片和视频，首先在"画面描述"选项输入对画面的要求，单击右下角的 🔵 开始生成 按钮即可生成相关素材，如图 1-32 所示。

图 1-31 导入本地素材　　　　　　　　　　1-32 AI 生成素材

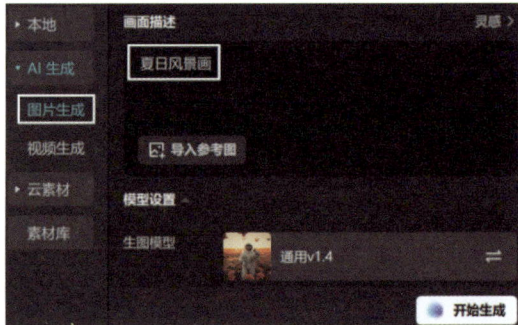

需要注意的是，该功能为收费功能，开通 SVIP 会员后才能正常使用。此外，若用户在云空间中保存了素材，可展开"云素材"选项导入云空间中的素材。

单击"素材库"按钮展开剪映专业版的素材库，选择所需素材。进入"音频"选项卡，选择剪映专业版提供的音频素材。这两个操作非常简单，后续章节将通过具体案例详细讲解，此处不再赘述。

2. 功能与效果

功能与效果指剪映提供的视频剪辑特效，包括转场、贴纸、滤镜、特效等。单击相关功能按钮即可展开并选择所需功能。例如，单击"贴纸"选项展开后，选择合适的贴纸添加到视频中，效果如图 1-33 所示。

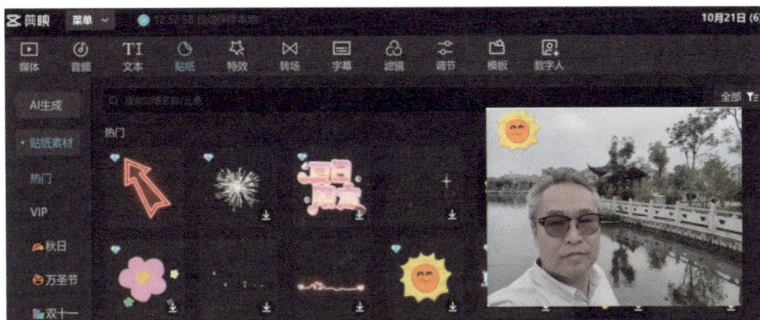

图 1-33 贴纸效果

这些功能的具体操作和应用将在本书第 7 章 7.3 节通过案例详细讲解，此处不再赘述。

1.3.3 案例引导——播放器

"播放器"用于播放并显示视频画面，其组件包括当前播放头位置、素材时长、播放按钮、清晰度、放大 / 缩小播放窗口、设置视频比例及全屏显示等。

在时间线上添加素材后，播放器会显示该素材画面，如图 1-34 所示。

图 1-34 播放器

播放器左下方的蓝绿色时间显示播放头当前位置，白色时间显示素材总时长。单击白色三角形按钮即可播放视频，单击"缩放"按钮 并拖动滑块可缩放播放画面，如图 1-35 所示。

图 1-35 缩放播放画面

单击"比例"按钮，在弹出的列表中选择视频的比例，以适应不同平台对视频的发布要求，如图 1-36 所示。

单击 按钮可使播放器窗口全屏显示，按 Esc 键即可恢复，如图 1-37 所示。

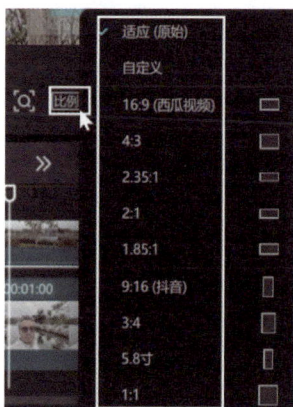

图 1-36　设置视频比例

图 1-37　视频全屏显示

1.3.4　案例引导——时间线

"时间线"是剪映的重要组成部分，视频中的图片、视频、音频素材的添加、裁剪、删除、组合以及特效添加等操作均需在时间线中完成。

时间线包括工具栏、轨道、播放头和封面 4 个部分，如图 1-38 所示。

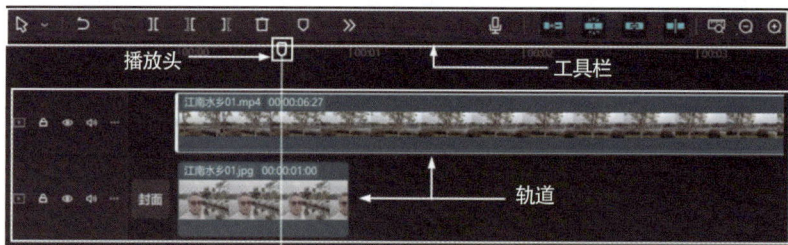

图 1-38　时间线

"工具栏"："工具栏"位于时间线最上方，包含视频剪辑所需的工具，如选择、分割、裁剪、删除、定格、倒放、踩点、录音及轨道吸附等。这些工具的具体应用方法将在本书第 2 章详细讲解。

"播放头"：播放头是时间线中的竖线，用于标记视频播放的时间点。对于静态图片素材，无论播放头位于哪一帧，播放器窗口都显示同一画面。图片和视频播放画面如图 1-39 和图 1-40 所示。

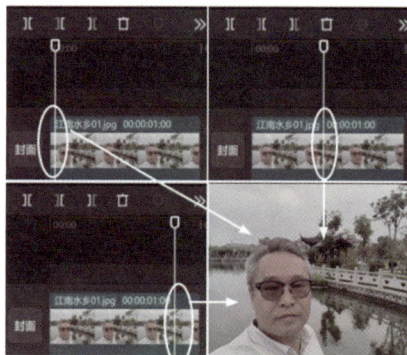

图 1-39　图片播放画面

图 1-40　视频播放画面

"轨道"：轨道位于时间线面板最下方，是时间线的重要组成部分，也是放置图片、视频、音频、文本素材以及贴纸、特效、滤镜、转场和调节预设的唯一区域。不同类型的对象会自动放置在不同轨道中。此外，素材的分割、裁剪等操作也在轨道中完成，如图 1-41 所示。

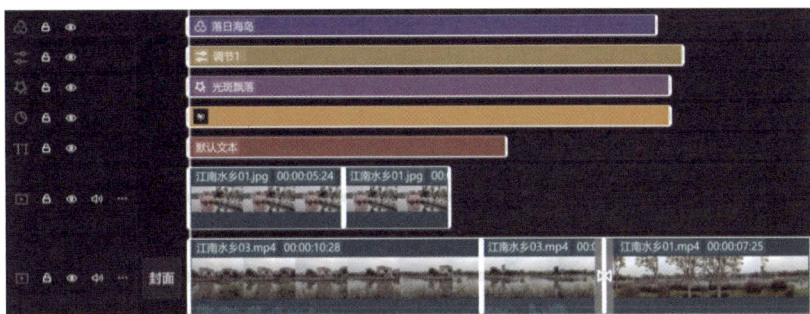

图 1-41 轨道

轨道分为主轨道和副轨道，主轨道位于最底部，副轨道位于主轨道上方。每个轨道左侧有相关按钮，用于显示、隐藏或锁定轨道中的素材。这些按钮的具体应用将在本书第2章详细讲解，此处不再赘述。

"封面"：封面是视频的预览画面，类似于书的封面。单击主轨道前的"封面"按钮即可打开"封面选择"对话框，如图1-42所示。单击下方的视频帧，即可选择一个帧画面作为封面。单击"本地"按钮进入另一个页面，单击➕添加按钮选择本地素材作为封面，如图1-43所示。

图 1-42 "封面选择"对话框

图 1-43 选择本地素材

选择封面后单击 去编辑 按钮进入编辑页面，可以选择剪映提供的封面模板，然后修改模板中的文字内容，如图1-44所示。

图 1-44 选择封面模板

或者直接单击文本按钮，再输入封面文本，然后单击 完成设置 按钮回到创作界面，完成对视频封面的设计，如图1-45所示。

图 1-45　视频封面设计完成

1.3.5　案例引导——属性面板

　　属性面板是剪映专业版的重要组成部分，位于界面右侧，主要用于对素材进行基础编辑，如设置画面比例与角度、调整色调、应用效果等。需注意的是，属性面板的内容会因素材类型不同而有所差异。图 1-46 所示为图片和视频素材的属性面板显示内容。

图 1-46　图片素材与视频素材的属性面板

　　此外，当选择特效、贴纸或音频等其他素材时，属性面板会显示相关内容。例如，选择"特效"后，属性面板显示其属性，用户可对其进行编辑，如图 1-47 所示。

图 1-47　特效的属性

➤ **"画面"**

　　"画面"主要包括场景画面的各种属性设置与编辑，包括"基础""抠像""蒙版""美颜美体"选项。在每个选项下都有相关参数，用于对画面进行编辑。例如在"基础"选项下，可以调整素材的基本属性，包括"位置大小""混合模式""智能灯光""智能裁剪""视频去频闪""智能运镜""镜头追踪"等多种效果。图 1-48 所示是在"基础"选项的"缩放"选项设置素材的比例，从而调整素材在播放器窗口中的大小。

图 1-48　调整素材的缩放

➤ **"动画"**

"动画"选项用于为图片、视频、文本等素材添加不同效果的动画，包括入场动画、出场动画及组合动画。入场动画设置素材进入场景的效果，出场动画设置素材退出场景的效果，组合动画则结合入场和出场动画，如图 1-49 所示。

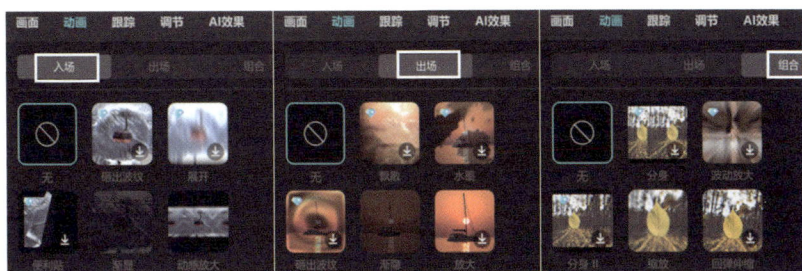

图 1-49　"动画"属性面板

用户只需选择合适动画并单击，即可将其应用到素材上，使素材具有动画效果。随后可根据效果调整动画时长参数，如图 1-50 所示，这是为图片素材应用入场和出场动画的画面效果。

原素材效果　　　　　入场动画效果　　　　　出场动画效果

图 1-50　入场、出场动画

➤ **"跟踪"**

"跟踪"功能可为贴纸、文本等素材设置跟踪效果。单击"运动跟踪"按钮，即可使贴纸或文本跟踪画面中的移动对象，如图 1-51 所示，箭头始终跟随奔跑的兔子。

图 1-51　"跟踪"效果

➤ **"调节"**

"调节"功能用于对画面进行色彩调整，包括"基础""HSL""曲线"和"色轮"4 种调色方法，如图 1-52 所示。

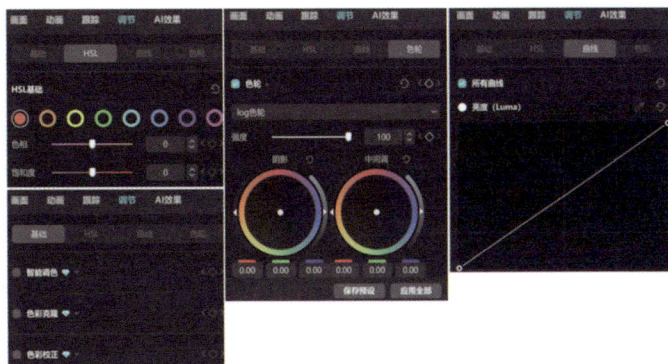

图 1-52　4 种调色的方法

选择任意一种方法，根据视频画面需求进行调色。例如，选择"基础"调色中的"调节"选项调整画面颜色，效果如图1-53所示。

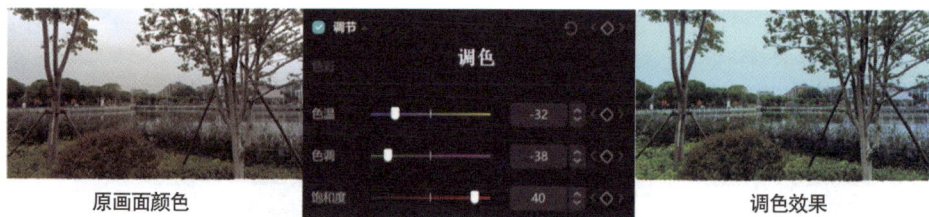

图1-53 画面调色效果

➤ "变速"

"变速"功能可调整视频播放速度，包括"常规变速"和"曲线变速"两类。选择视频素材并调整变速滑块，即可改变视频播放速度，如图1-54所示。

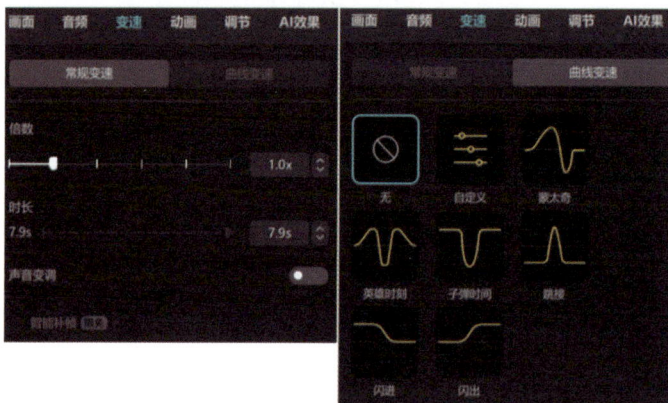

图1-54 两类视频变速方法

➤ "音频"

"音效"功能用于处理视频背景声音或音频素材的效果。"音频"选项包含"基础"与"声音效果"两种。其中，"基础"效果可调整音量、设置淡入淡出、美化音质、消除杂音及人声分离等，如图1-55所示。

图1-55 音频的"基础"效果

而"声音效果"选项包括"音色""场景音"及"声音成曲"3类效果，如图1-56所示。

图1-56 "声音效果"选项

在"音色"选项中，可模仿小孩声音、地方方言、播音员等效果；在"场景音"选项中，可对视频场景音效进行扩音等设置；在"声音成曲"选项中，可将场景音处理为民谣、爵士乐、雷电、嘻哈等音效。需要注意的是，这些效果大多为付费功能。

➤AI 效果

"AI 效果"能够自动产生多种视觉效果，涵盖"AI"特效和"玩法"两种类型，具体效果如图 1-57 所示。

图 1-57　AI 效果

需要注意的是，"AI 效果"中的部分效果仅支持图片，且大多数功能为 SVIP 会员功能。

"AI 特效"集成了多种绘画效果，可将视频画面处理为所需风格的画作。例如，选择"油画"效果后，在下方的"风格描述词"文本框中输入描述，单击 生成 按钮即可生成油画效果。

"玩法"选项提供了多种效果，用户可根据需求对画面进行处理。操作简单，只需选择所需效果并单击，剪映会自动处理画面。图 1-58 所示为"玩法"选项的几种效果。

图 1-58　"玩法"选项的效果

1.3.6　案例引导——导出

"导出"是剪映视频剪辑的最后一步，也是关键一步。视频剪辑完成后，单击标题栏右侧的"导出"按钮即可打开"导出"对话框，如图 1-59 所示。

图 1-59 "导出"对话框

勾选"封面添加至视频片头"选项，可将视频封面添加至片头作为预览图。

"标题"：用来输入视频的名称。

"导出至"：选择视频的保存路径。

在"视频导出"选项设置视频导出时的相关设置。

"分辨率"：选择视频导出分辨率，分辨率越高视频清晰度越高，反之清晰度就越低，如图 1-60 所示。

"码率"：选择视频导出时的码率，码率越高，视频越清晰，文件也越大，如图 1-61 所示。

图 1-60 选择分辨率

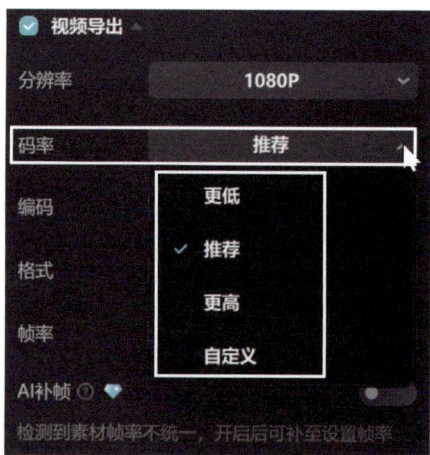

图 1-61 选择码率

"编码"：选择视频导出时的编码方式，如图 1-62 所示。

"格式"：选择视频导出时的格式，如图 1-63 所示。

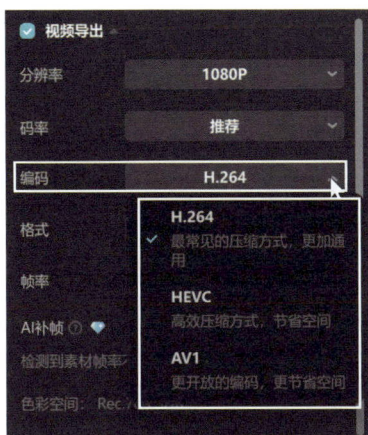

图 1-62　选择编码

图 1-63　选择格式

"帧率"：选择视频导出时的帧率，如果帧率为"30fps"，表示该视频每秒播放 30 帧画面，帧率越高画面越流畅，如图 1-64 所示。

启用"AI 补帧"功能，导出时会自动为视频补帧，使视频播放时更流畅。

勾选"音频导出"选项，并选择音频的导出格式，可以将视频中的音频单独导出，如图 1-65 所示。

图 1-64　设置帧率

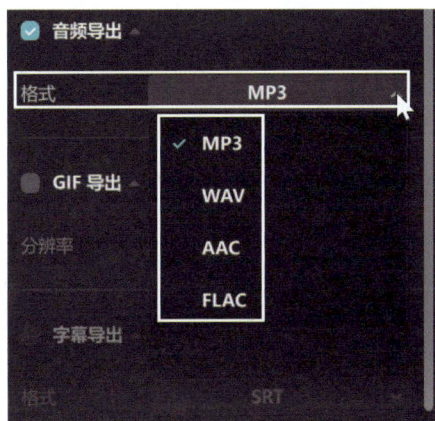

图 1-65　导出音频

勾选"GIF 导出"选项并选择分辨率，可将视频导出为 GIF 格式的动画，如图 1-66 所示。

勾选"字幕导出"选项并选择导出格式，可将视频字幕导出为文本，如图 1-67 所示。

图 1-66　导出 GIF 动画

图 1-67　导出字幕

一切设置完成后，单击右下角的 导出 按钮，剪映开始导出视频，如图 1-68 所示。

图 1-68　导出视频

　　导出结束后即弹出"发布助手"对话框，用户可以在该对话框进行相关设置，将导出的视频同步发布到西瓜等相关平台，如图 1-69 所示。

图 1-69　导出的"发布助手"对话框

　　需要注意的是，若视频中使用了收费功能且用户未开通 SVIP 会员，[导出] 按钮将变为 [开通会员并导出] "登录"按钮。单击该按钮会弹出"登录"对话框，提示用户开通 SVIP 会员并登录。SVIP 会员并付费后，视频即可正常导出。

02

第2章
轨道与素材

本章导读

　　在剪映视频剪辑中，轨道与素材是构建视频的基础。本章将深入探讨轨道的由来、类型及层级关系，以及素材的基本操作与编辑。通过具体案例，读者将学习如何巧妙运用轨道与素材，实现创意剪辑，为制作高质量视频积累关键经验与技能。

▶ 本章学习内容

· 轨道的由来、类型与层级关系
· 素材的基本操作
· 素材的基本编辑

2.1 轨道的由来、类型与层级关系

轨道是剪映专业版的重要组成部分，也是视频剪辑的核心操作对象。本节将介绍轨道的由来、类型及层级关系，为后续深入学习剪映视频剪辑奠定基础。

2.1.1 知识讲解——轨道的由来与类型

在一个视频剪辑项目中，通常包含图片、视频、声音、文本素材以及贴纸、特效、滤镜等对象，这些是构成完整视频的基本元素。当用户将素材拖入"时间线"面板或为素材添加效果对象时，系统会根据素材属性及添加顺序，自动将其排列在"时间线"面板中，从而形成轨道。

轨道分为"主轨道"和"副轨道"。主轨道只有一个，带有封面，用于放置主题图片和视频素材；副轨道可有多个，不带封面，用于放置其他视频、图片、声音、文本素材，以制作画中画效果或添加贴纸、特效、滤镜等辅助对象。默认设置下，所有轨道均处于显示状态，并通过不同颜色和符号进行区分，如图2-1所示。

图2-1 剪映专业版的轨道

2.1.2 知识讲解——轨道序号与层级关系对视频画面的影响

在剪映专业版中，轨道的序号和层级关系与Photoshop中图层的层级关系基本相同。系统会根据轨道生成的先后顺序，以数字1、2、3……来设置轨道的序号，并在"时间线"面板形成一种上下叠加的层级关系，从而在播放器中形成画面相互叠加的视频画面效果，如图2-2所示。

图2-2 轨道的叠加关系与效果

与Photoshop中图层的叠加关系不同的是，在剪映专业版中，调整轨道的叠加顺序并不能改变画面的叠加效果。例如，移动鼠标指针到"时间线"面板的第3层"鸽子"轨道上，按住鼠标将其向下拖到第2层"飞翔的鸟"轨道上释放鼠标，将其调整到该轨道的下方，但是在播放器中观察发现，"鸽子"画面仍然遮挡了"飞翔的鸟"画面，如图2-3所示。

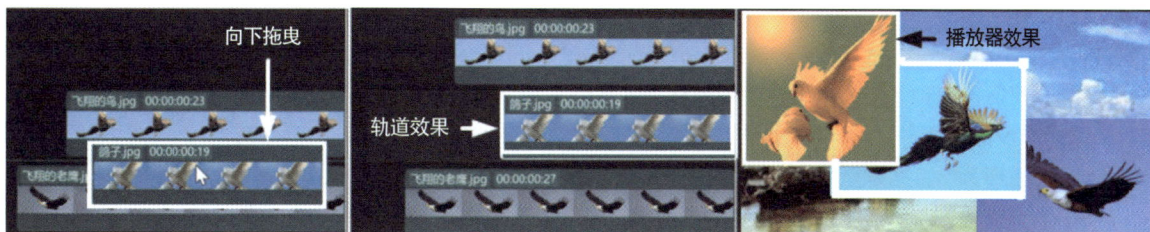

图 2-3　调整轨道顺序后的效果

在"时间线"面板选择"鸽子"素材轨道,在右侧的属性面板进入"画面">"基础",向上滑动面板,在下方的"层级"选项可以发现,"鸽子"轨道的序号为 3,"飞翔的鸟"轨道,序号为 2,如图 2-4 所示。

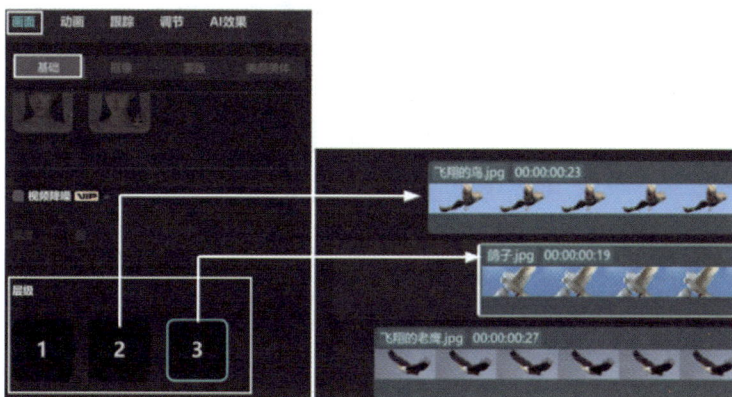

图 2-4　轨道及其序号

选择"鸽子"素材轨道,单击序号"2"修改其轨道序号,此时在播放器面板中,"鸽子"素材被"飞翔的鸟"素材遮挡,如图 2-5 所示。

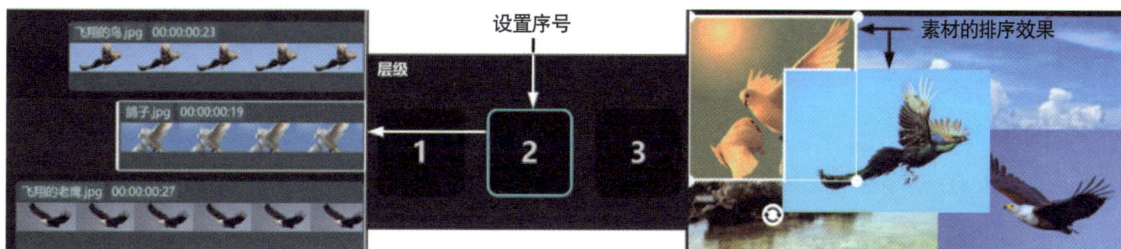

图 2-5　设置轨道序号后的效果

小贴士

在剪映专业版中,轨道的序号不会重复,只能以序列号的形式出现,因此当修改"鸽子"轨道的序号为"2"后,"飞翔的鸟"的轨道序号会自动被修改为"3"。

由以上操作可以看出,在剪映专业版中,调整轨道的排列顺序,并不能改变视频画面的叠加效果,而只有设置轨道序号,才能改变视频画面的叠加效果。

2.2　素材的基本操作

轨道与素材相辅相成,密不可分。素材是轨道存在的前提,只有添加素材后,轨道才有承载的内容。它们共同构成视频剪辑的核心操作对象。本节将深入学习轨道与素材的基本操作,剖析其在视频剪辑中的作用机制与操作要点,帮助读者更好地掌握视频剪辑技能。

2.2.1　案例引导——在轨道上添加素材

在剪映视频剪辑中,用户可根据需求向轨道添加图片、视频、声音等素材。本节将通过具体操作,继续学习相关知识。

1. 添加素材到主轨道

用户可通过两种方法向主轨道添加素材。

【操作步骤提示】

（1）新建草稿，在素材区导入"电玩轨道.jpg""海边风光.jpg"和"海边日落.jpg"素材。

（2）移动鼠标指针到"电玩轨道.jpg"素材上，素材右下角出现"导入"图标 ，单击该图标，可将素材导入主轨道，如图2-6所示。

图2-6　向主轨道导入素材

（3）移动鼠标指针到"海边风光.jpg"素材上，按住鼠标左键将其拖到主轨道素材的末尾释放鼠标，向主轨道添加素材，如图2-7所示。

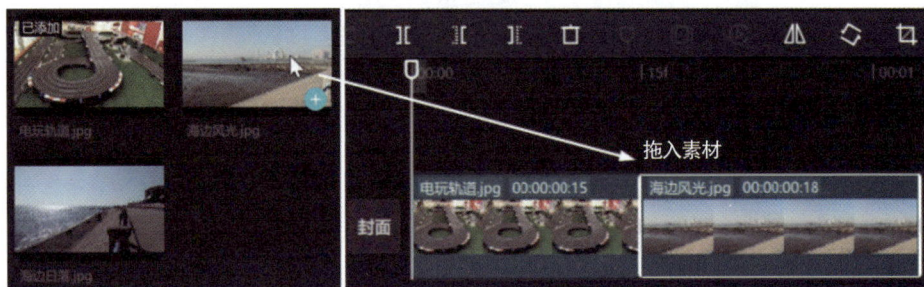

图2-7　向主轨道拖入素材

> **小贴士**
>
> 单击 "导入"图标向主轨道上添加素材时，素材会被添加到播放头所在的位置，而向主轨道上拖入素材时，则可以根据视频剪辑的需要，将素材拖放到主轨道的任意位置。

2. 添加素材到副轨道

向副轨道上添加素材时，只能采用拖入的方法。

【操作步骤提示】

（1）移动鼠标指针到素材区的"海边日落.jpg"素材上，按住鼠标左键将素材拖到主轨道上方位置，释放鼠标，向副轨道添加素材，如图2-8所示。

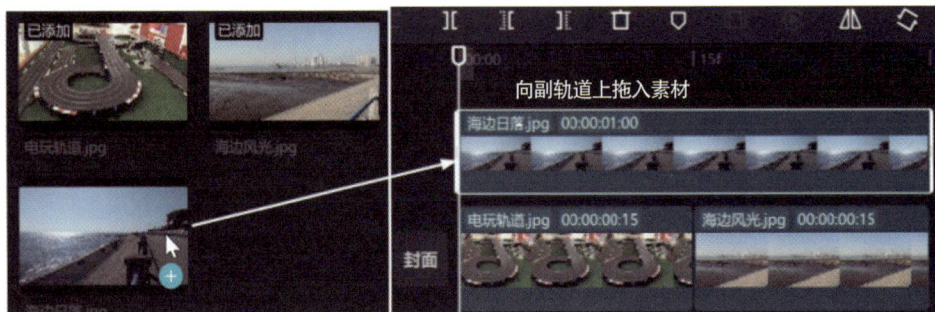

图2-8　拖入素材到副轨道

（2）使用相同的方法，继续导入视频和音频素材，并将其拖到副轨道上，效果如图2-9所示。

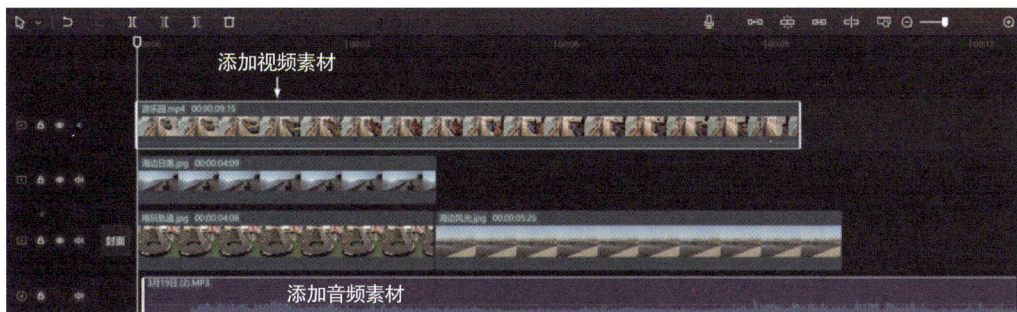

图 2-9　添加其他素材

2.2.2　案例引导——合并素材与隐藏、锁定轨道

向轨道上添加素材后，用户可以根据视频剪辑的需要将多个轨道上的素材合并到一个轨道上，也可以隐藏、锁定轨道等。

【操作步骤提示】

（1）合并轨道。继续 2.2.1 节的操作。将移动鼠标指针到第 1 层副轨道上，按住鼠标左键将其拖到主轨道的末端释放鼠标，即可将其合并到主轨道，如图 2-10 所示。

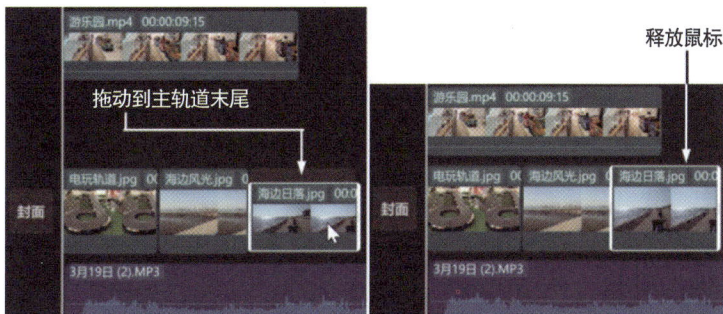

图 2-10　将副轨道合并到主轨道

（2）隐藏轨道。单击副轨道左侧的 👁 "隐藏轨道"图标，图标显示蓝绿色，此时副轨道变为灰色，轨道上的素材被隐藏，如图 2-11 所示。

图 2-11　隐藏副轨道

（3）锁定轨道。单击副轨道左侧的"锁定轨道"图标 🔒，图标显示为蓝绿色，此时副轨道上出现斜线，表示副轨道被锁定，如图 2-12 所示。

图 2-12　锁定轨道

> **小贴士**
>
> 　　轨道被隐藏后，在播放器中不再显示该轨道上的素材画面，再次单击 👁 按钮使其显示为白色，即可取消轨道的隐藏，在播放器中重新显示该轨道上的素材画面。
>
> 　　轨道被锁定后，在播放器中仍然会显示该轨道上的素材画面，但不可以对该素材进行任何操作，再次单击 🔒 按钮使其显示为白色，即可取消对轨道的锁定，此时即可对该轨道上的素材进行编辑操作。
>
> 　　如果单击轨道前面的 🔊 "关闭原声"按钮使其显示为蓝绿色，即可关闭该轨道上视频的背景声音，再次单击该蓝绿色按钮使其显示为白色，即可打开视频的背景声音。
>
> 　　此外，对于音频轨道上的音频素材，可以使用相同的方法对其关闭或打开。

2.2.3　案例引导——分割素材

　　在剪映专业版中视频剪辑中，可以根据视频剪辑的需要，在任意位置或者播放头位置对图片素材、视频素材及音频素材进行分割。

　　新建草稿，导入"蝴蝶兰花卉.mp4"视频并将其添加到主轨道，这是一段时长为 00:00:15:29 的蝴蝶兰花卉的视频，如图 2-13 所示。

图 2-13　蝴蝶兰花卉视频

　　下面将这一段视频从 00:00:08:18 位置进行分割，使其成为两段蝴蝶兰花卉视频。

【操作步骤提示】

　　（1）按 S 键启动预览轴功能，激活"时间线"面板工具栏中的 ⎅ "分割"按钮（快捷键为 B）。在主轨道上移动鼠标指针，并观察播放器窗口左下方的视频播放时间变化，当播放到 00:00:08:18 时，单击鼠标左键将该视频从该位置进行分割，如图 2-14 所示。

图 2-14　分割视频

（2）按键盘上的 Home 键将播放头移动到 00:00:00:00 位置，按空格键播放视频并观察播放器窗口左下方的视频播放时间变化。当播放到 00:00:02:22 位置时，再次按空格键停止播放，然后单击"时间线"工具栏上的 ⅠⅠ"分割"工具，在该位置对该段视频进行分割，如图 2-15 所示。

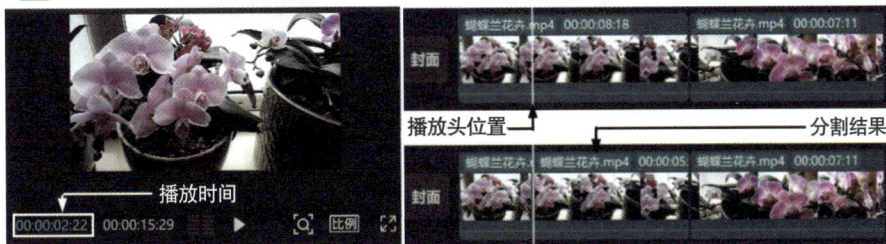

图 2-15　沿播放头位置分割视频

小 贴 士

　　在分割视频时，可以按向左或向右的方向键对播放头进行微调。每按一次方向键，播放头移动 1 帧，这样就可以精确调整播放头的位置，并对视频进行精确分割。

（3）可以使用相同的方法对图片和声音素材进行分割。

2.2.4　案例引导——裁剪素材

　　拍摄视频时难免出错，在视频剪辑时可以将那些出错的镜头裁剪掉。裁剪时可以沿播放头向左裁剪，也可以沿播放头向右裁剪。

【操作步骤提示】

（1）新建草稿，导入"随手拍 .mp4"视频并将其添加到主轨道，按空格键播放该视频，发现在 00:00:00:00~ 00:00:07:10 时间段，视频中有手指遮挡摄像头的情况出现，如图 2-16 所示。

图 2-16　手指遮挡摄像头

　　下面将这一段视频在 00:00:07:10 位置向左全部裁剪掉。

（2）按键盘上的 Home 键将播放头移动到 00:00:00:00 位置，按空格键重新播放视频并观察播放器窗口左下方的视频播放时间变化，当播放到 00:00:07:10 位置时再次按空格键停止播放，然后单击"时间线"面板工具栏上的 ⅠⅠ"向左裁剪"按钮（快捷键为 Q），将播放头左边的视频裁剪掉，如图 2-17 所示。

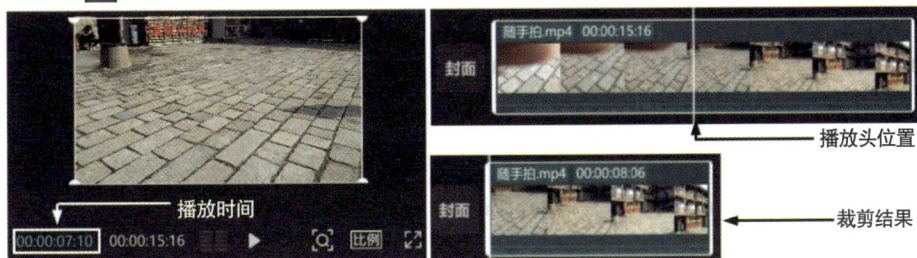

图 2-17　向左裁剪素材

（3）继续导入"海景 .mp4"的视频并将其添加到副轨道，按空格键播放视频，发现在 00:00:24:09 时有陌生人闯入镜头，如图 2-18 所示。

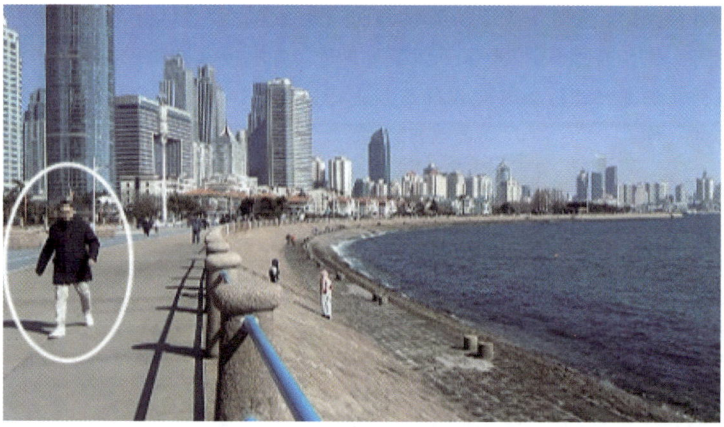

图 2-18　闯入镜头的陌生人

为了不侵犯别人的肖像权，我们需要将该视频从 00:00:24:09 位置向右全部裁剪掉。

（4）依照第（2）步的操作将播放头移动到 00:00:24:09 的位置，然后单击“时间线”面板工具栏上的“向右裁剪”按钮（快捷键为 W），将视频从播放头向右全部裁剪掉，如图 2-19 所示。

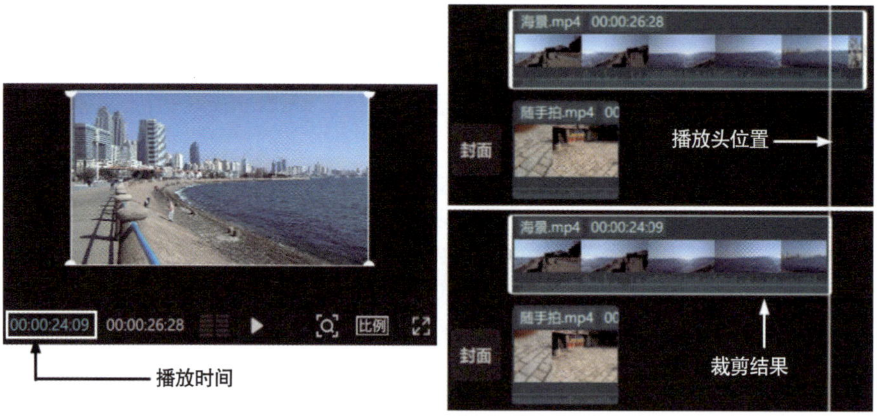

图 2-19　向右裁剪素材

小贴士

在拍照或者拍摄视频时，未经本人同意，不能随意拍摄别人，更不能将拍摄的照片或者视频随意发布到网络，否则会侵犯别人的肖像权，并承担相应的法律责任。

另外，除了裁剪视频外，还可以将轨道上的视频素材直接删除，方法非常简单，在轨道上单击并选择要删除的素材，单击“时间线”面板工具栏上的“删除”按钮，或者单击鼠标右键并选择“删除”命令，即可将素材删除。

选择轨道上的素材，单击鼠标右键并选择“复制”（快捷键为 Ctrl+C）命令或“剪切”（快捷键为 Ctrl+X）命令将素材复制或剪切，再在“时间线”面板空白位置单击鼠标右键并选择“粘贴”（快捷键 Ctrl+V）命令，将其粘贴到副轨道。该操作比较简单，在此不再赘述，读者可以自己尝试操作。

2.2.5　案例引导——镜像与旋转素材

在剪映专业版中，通过镜像功能，可以将图片和视频素材左右翻转，而旋转功能则可以调整图片和视频素材的角度。

【操作步骤提示】

（1）镜像素材。新建草稿并导入“晚霞 .jpg”图片素材到主轨道，单击“时间线”面板工具栏上的“镜像”按钮，素材被水平翻转，如图 2-20 所示。

图 2-20　原素材与镜像后的素材效果比较

（2）旋转素材。重新向主轨道导入"海边.mp4"视频素材，在播放器中发现该视频呈垂直状态，移动鼠标指针到播放器下方的◎按钮上，按住鼠标左键向右拖曳，将素材旋转 -90°，使其呈水平状态，如图 2-21 所示。

图 2-21　旋转视频

小贴士

旋转素材时，每单击"时间线"面板工具栏上的◇"旋转"按钮一次，可以将素材沿顺时针旋转 90°。另外，选择素材，可进入界面右侧的"画面">"基础">"旋转"选项设置旋转角度，对素材进行旋转，如图 2-22 所示。

图 2-22　设置旋转角度

2.2.6　案例引导——替换素材

在剪映专业版视频剪辑中，对于视频中不满意的图片或短视频素材，可以将其替换，这一节继续通过具体案例学习相关知识。

【操作步骤提示】

（1）新建草稿，导入"随手拍 01.mp4"视频素材并将其添加到主轨道，然后将其在 00:00:07:29 位置分割，选择分割后的后半段视频，单击鼠标右键并选择"替换片段"命令，如图 2-23 所示。

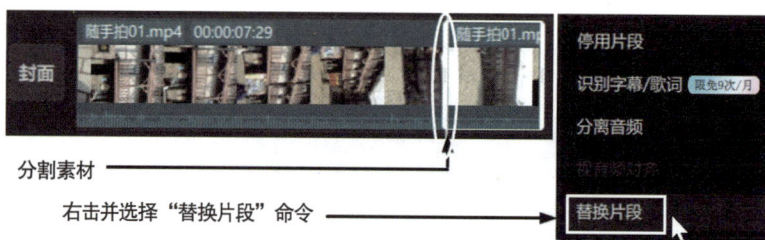

图 2-23　分割素材并执行"替换片段"命令

（2）在打开的"请选择媒体资源"对话框选择"随拍 .mp4"素材，单击 打开(O) 按钮打开"替换"对话框，单击 替换片段 按钮，使用"健身 01.mp4"素材替换分割后的视频素材，效果如图 2-24 所示。

图 2-24　替换素材

2.2.7　案例引导——调整素材位置与大小以制作画中画

在剪映专业版视频剪辑中，可以随意调整素材的位置与大小，以制作画中画效果，这一节继续通过具体案例学习相关知识。

【操作步骤提示】

（1）新建草稿，导入"灯光秀 01.mp4"视频素材并将其添加到主轨道，将其在 00:00:12:05 位置分割为两段，之后将第 2 段素材添加到副轨道，效果如图 2-25 所示。

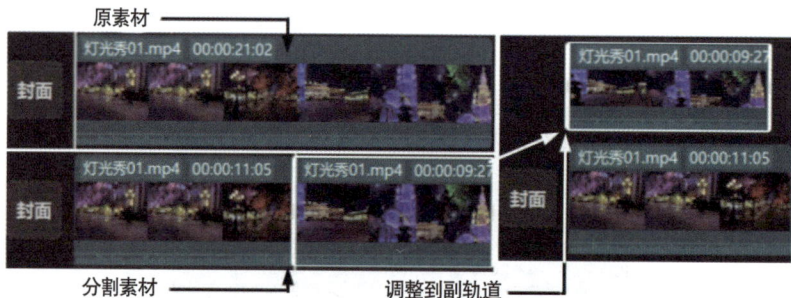

图 2-25　添加视频素材并分割、调整

（2）将播放头调整到副轨道视频末端，然后选择主轨道素材，单击 "向右裁剪"按钮，将其从播放头右侧进行裁剪，使其时长与副轨道素材的时长相同，如图 2-26 所示。

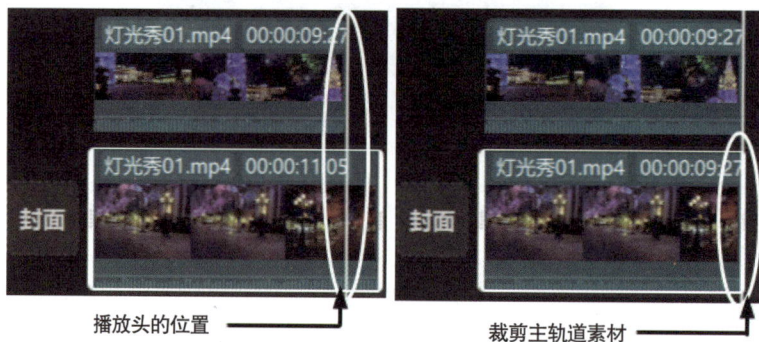

图 2-26　调整视频长度

（3）选择副轨道上的视频素材，进入界面右侧的"画面">"基础"选项，在"位置大小"选项设置"缩放"比例为 60%，调整视频素材的大小，然后在播放器中将该视频拖到右下角，形成画中画效果，如图 2-27 所示。

图 2-27　调整素材大小与位置

（4）按空格键播放视频，可以看到视频的画中画效果。

2.2.8　练习——制作视频画面局部放大效果

视频中的局部放大效果可以突出表现某一画面，具有镜头特写的效果。本节我们将通过调整素材大小和位置，并结合关键帧来制作视频的局部放大效果。

【操作步骤提示】

（1）新建草稿，导入"灯光秀 02.mp4"视频素材，并将其添加到主轨道。

（2）按空格键播放视频到 00:00:04:00 位置，再次按空格键停止播放，然后单击右侧属性面板中"位置大小"右侧的◈"关键帧"按钮使其显示为蓝绿色，以添加关键帧，如图 2-28 所示。

图 2-28　添加关键帧

（3）按向右的方向键，使视频播放到 00:00:04:15 左右的位置，再次单击右侧属性面板中"位置大小"右侧的◈"关键帧"按钮，在该位置添加另一个关键帧，然后设置"缩放"值为 325%，使画面放大，效果如图 2-29 所示。

图 2-29　设置视频缩放比例

33

（4）使用相同的方法在 00:00:5:00 位置，再次为"位置大小"选项设置关键帧，然后修改"缩放"参数为 100%，使视频画面恢复到原来大小，效果如图 2-30 所示

图 2-30　设置关键帧以恢复视频原始效果

（5）这样就完成了视频局部放大效果的制作，按空格键播放视频，发现在 00:00:04:15 时右上角画面放大显示播放，到 00:00:5:00 时画面恢复为原来的大小。

2.3　素材的基本编辑

本节继续学习轨道素材的基本编辑知识，包括定格画面、倒放视频、创建复合片段、分离音频、识别字幕及智能镜头分割等内容。

2.3.1　案例引导——定格画面

在剪映专业版中，定格画面是视频剪辑的一种常用技术。通过定格画面可以将视频某一帧分割并复制为时长为 3s 的静态图片，从而形成视频画面的特写镜头。本节将通过定格画面功能并结合关键帧功能，制作视频画面的推拉镜头效果，学习定格画面在视频剪辑中的应用技巧。

【操作步骤提示】

（1）新建草稿，导入"蝴蝶兰.mp4"视频素材并将其添加到主轨道，按空格键播放视频到 00:00:02:25 位置，再次按空格键停止播放，然后单击"时间线"面板工具栏中的 ▣"定格"按钮，在该位置将视频分割，并复制静态图片，如图 2-31 所示。

（2）按 Home 键使播放头回到 0 帧位置，按空格键重新播放视频，发现当视频播放到定格位置时画面呈现静止状态，3s 后画面又恢复动态效果。

下面我们在该静止画面上制作推拉镜头效果。

（3）选择定格画面，分别在 00:00:02:25（定格画面的 0 帧）、00:00:03:25、00:00:05:00 和 00:00:05:25（定格画面的末尾）位置为"缩放"选项各添加一个关键帧，然后修改 00:00:03:25 和 00:00:05:00 时的"缩放"值为 150%，修改 00:00:05:25 时的"缩放"值为 100%，如图 2-32 所示。

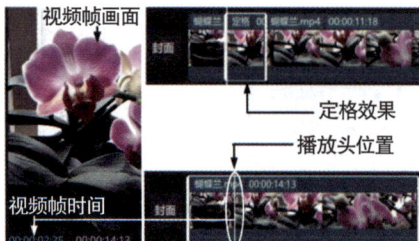

图 2-31　定格画面效果

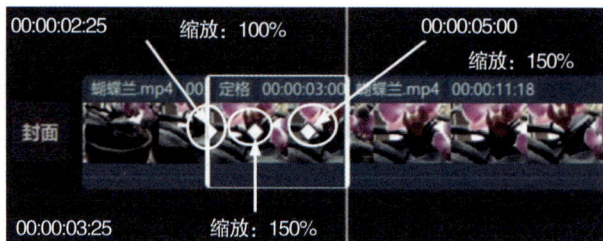

图 2-32　调整比例与位置

（4）继续移动播放头到 00:00:05:25（定格画面的末尾）位置，再次为"缩放"选项添加一个关键帧，并修改其值为 100%，使画面恢复原来的大小，如图 2-33 所示。

图 2-33　添加关键帧并设置"缩放"参数

（5）推拉镜头效果制作完毕。

2.3.2　案例引导——倒放视频

倒放视频是视频剪辑的一种常用技术。通过倒放视频可以将视频的播放顺序颠倒，制作视频特效或一些搞笑效果。例如，人物从低处一跃跳上高处的效果就是通过倒放实现的。本节将通过具体案例操作，学习倒放视频在视频剪辑中的应用方法。

【操作步骤提示】

（1）新建草稿，导入"游乐园 .mp4"视频素材并将其添加到主轨道，按空格键播放视频，画面中一辆儿童游乐车载着小朋友从远处缓缓驶来，从画面右下角消失于画面外，效果如图 2-34 所示。

图 2-34　游乐车

（2）单击"时间线"面板工具栏中的 ⓒ "倒放"按钮，剪映专业版开始处理视频，处理完成后按空格键再次播放视频，发现儿童游乐车从画面右下角倒着进入画面，逐渐向远处驶去，效果如图 2-35 所示。

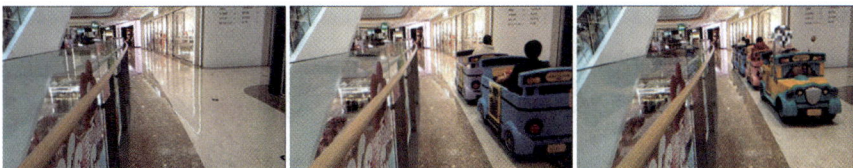

图 2-35　倒放视频效果

2.3.3　案例引导——创建组合与解除组合

"创建组合"命令可以将多个轨道上的多个不同类型的素材（图片、视频、音频、贴纸、特效等）进行组合，使其成为一个组合对象，可以同时对组合里的素材进行移动、删除、复制粘贴、停用片段等操作。当需要对组合中的素材进行单独编辑时，可以使用"解除组合"功能，该功能可以将组合对象重新分解为独立的素材，恢复各素材的原始编辑状态。解除组合后，各素材将保留组合期间的所有编辑效果，但可以单独进行调整和修改。

【操作步骤提示】

（1）新建草稿，导入"蝴蝶兰 01.mp4"和"蝴蝶兰 02.mp4"视频素材并将其添加到主轨道，使其首尾相连，如图 2-36 所示。

图 2-36　导入并添加素材

（2）按住 Ctrl 键分别单击这两个视频素材将其选择，单击鼠标右键并选择"创建组合"命令，将选择的两个视频素材创建为名为"组合 A"的组合，如图 2-37 所示。

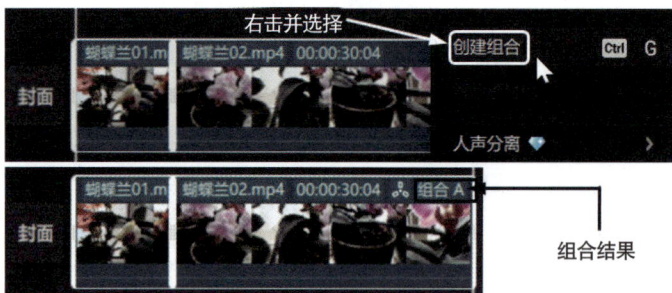

图 2-37　创建组合

（3）再次在轨道上单击鼠标右键并选择"解除组合"命令，素材被解除组合，组合名称消失，素材又恢复为单个素材。

2.3.4　案例引导——新建复合片段

与"创建组合"不同，"新建复合片段"命令可以将图片、视频、音频等多个素材创建为一段视频，然后将其保存为"我的预设"，以方便在剪辑其他视频时重复使用，例如作为其他视频的片头使用。下面通过具体案例继续学习相关知识。

【操作步骤提示】

（1）新建草稿，导入"蝴蝶兰 03.mp4"素材，并将其放置到主轨道。播放视频至 00:00:02:10 时将播放头左侧裁剪，然后在 00:00:07:00 时将其分割为两段视频，如图 2-38 所示。

图 2-38　裁剪与分割视频

（2）将第 2 段视频拖到副轨道 00:00:05:00 位置，使其与主轨道画面末端重叠。在右侧属性面板的"画面">"蒙版"选项中选择"镜面"蒙版，添加关键帧并在播放器中将蒙版角度调整为 -90°，效果如图 2-39 所示。

（3）按空格键播放视频到主轨道视频末端，添加关键帧然后设置蒙版"羽化"值为 100，"大小"值为"宽"1290，效果如图 2-40 所示。

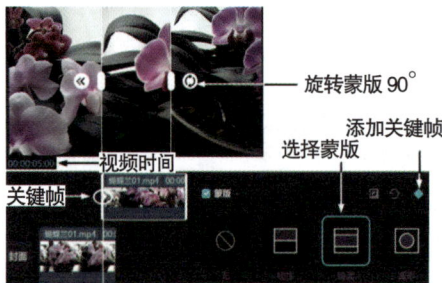

图 2-39　添加蒙版

图 2-40　设置蒙版宽度与羽化值

（4）进入"音频"选项，在"音乐素材"列表中选择一段剪映预设的音乐并将其添加到音频轨道，完成该视频效果的制作。

下面我们将该视频创建为复合片段。

（5）按住 Ctrl 键分别单击主轨道和副轨道上的两个视频素材和音频轨道上的音频素材将其选择，然后单击鼠标右键并选择"新建复合片段"命令，将其创建为一个复合片段，如图 2-41 所示。

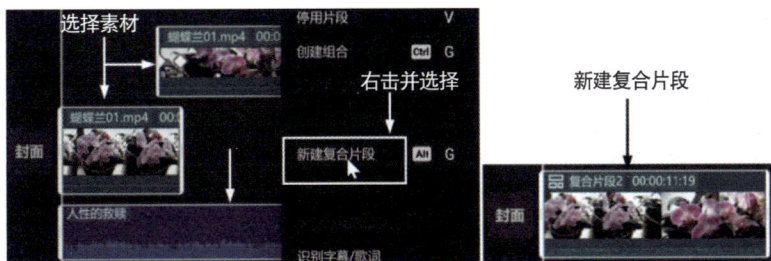

图 2-41　新建复合片段

（6）继续在创建的复合片段上单击鼠标右键并选择"保存为我的预设"命令将其保存，然后新建草稿并展开"我的预设"，即可看到保存的复合片段，将该片段导入主轨道，发现这是一个视频片段，按空格键即可播放该视频片段，效果如图 2-42 所示。

图 2-42　应用复合片段

小贴士

在复合片段上单击鼠标右键并选择"解除复合片段"命令，即可解除复合片段，复合片段中的每个素材即成为独立的素材。

2.3.5　案例引导——预合成复合片段

前面我们介绍过，使用"复合片段"命令可以将多个轨道上的图片、视频、音频等素材创建为一个视频片段，并可将其保存为预设，方便在剪辑其他视频时重复使用。然而，当过多轨道被创建为复合片段时，可能会导致播放卡顿。此时可以使用"预合成复合片段"命令对复合片段进行渲染，这样可解决播放卡顿问题。本节将通过具体操作继续学习相关知识和技巧。

【操作步骤提示】

（1）继续 2.3.4 节的操作，按空格键播放创建的复合片段，遇到视频出现卡顿的情况。

（2）再次按空格键停止播放，然后在该复合片段上单击鼠标右键并选择"预合成复合片段"命令，剪映开始对该复合片段进行渲染。

（3）渲染完成后再次按空格键播放该复合片段，发现该复合片段播放时不卡顿了。

2.3.6　案例引导——智能剪口播

口播是指在没有文案的情况下，用户直接录制视频并进行讲解的创作形式。在口播视频中，常会出现卡顿、停顿、不当口头语、语气词以及重复等语音问题。针对这些问题，剪映专业版的"智能剪口播"

功能可通过 AI 识别技术，自动识别并智能剪辑，从而提升音频质量。本节将通过具体案例操作，学习剪映专业版中智能剪口播功能的使用方法和技巧。

【操作步骤提示】

（1）新建草稿，导入名为"赛道.mp4"的视频素材并将其添加到主轨道，然后将视频的背景声音关闭。

（2）按 Home 键将播放头移动到视频 0 帧，单击"时间线"面板工具栏中的 🎤"录音"按钮打开"录音"对话框，如图 2-43 所示。

（3）单击红色的"开始录制"按钮开始录音并播放视频，此时对视频进行配音，待视频播放完毕后再次单击红色按钮停止配音，并关闭"录音"对话框，完成对视频的配音，如图 2-44 所示。

图 2-43 录音对话框　　　　　　　图 2-44 配音效果

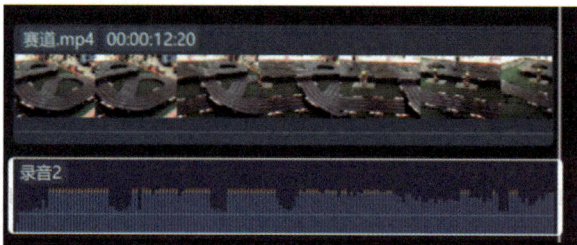

（4）选择录制的音频，单击"时间线"面板工具栏上的 🔲"智能剪口播"按钮，剪映开始对音频进行分析，分析完毕后在"智能剪口播"窗口显示分析结果，包括语气词、停顿、重复等，在下方的音频轨道显示分析后的音频效果，如图 2-45 所示。

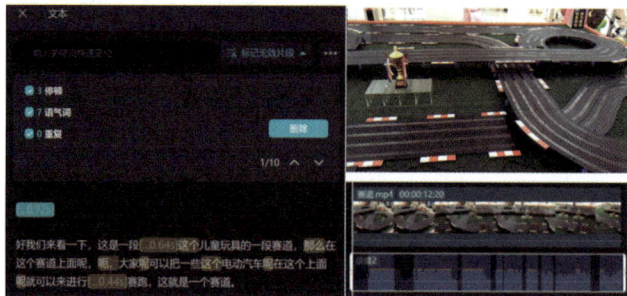

图 2-45 "智能剪口播"窗口

（5）单击 确认删除 按钮，剪映会将分析出的这些音频片段删除，完成对该口播视频的智能剪辑工作，结果如图 2-46 所示。

图 2-46 删除音频后的结果

2.3.7 案例引导——智能镜头分割

"智能镜头分割"功能是剪映专业版的又一个新功能，该功能可以帮助用户快速将视频按照不同的镜头进行分割，让一个完整视频自动分割为多个片段，方便用户重新将视频进行组合或者直接选择自己需要的视频片段，这一节我们继续通过一个案例操作学习相关知识。

【操作步骤提示】

（1）新建草稿，导入"多镜头 01.mp4"视频素材，将其添加到主轨道并播放视频，发现该视频由 3 个镜头组成，效果如图 2-47 所示。

图 2-47　视频画面效果

下面我们使用"智能镜头分割"命令将该视频根据画面内容分割为 3 个镜头。

（2）选择主轨道上的视频素材，在视频素材上单击鼠标右键并选择"智能镜头分割"命令，剪映专业版开始对视频进行分析，分析完成后将其根据画面内容分割为 3 个镜头，效果如图 2-48 所示。

图 2-48　智能分割片段

> **小贴士**
>
> 视频被分割为 3 个镜头后，读者可以利用前面学过的"创建复合片段"命令将这 3 个镜头创建为复合片段，其视频效果与原视频效果一致，如图 2-49 所示。

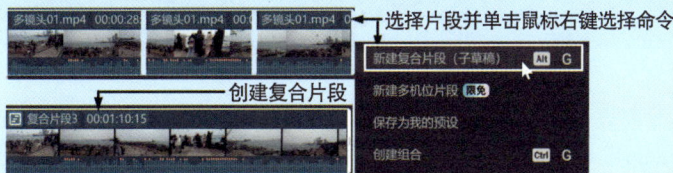

图 2-49　创建复合片段

2.3.8　练习——"春日海边漫步"短视频剪辑

春日海边漫步，心旷神怡！这一节我们将结合前面章节所学知识，完成"春日海边漫步"短视频的剪辑。

【操作步骤】

1. 导入素材、调整倾斜画面并倒放视频。

新建草稿，将"海景风光 03.mp4"视频导入主轨道，这是一段时长为 00:00:09:06 的海边风光视频。按空格键播放视频，发现该视频画面从 00:00:00:00 开始到视频播放结束，画面逐步出现歪斜；同时，画面由近处的海岸线逐步推向远处海面，再向上抬起，最后推向天空，如图 2-50 所示。

图 2-50　"海景风光 03.mp4"视频

接下来首先对倾斜画面进行校正，然后使用"倒放"功能，将视频倒放，使其形成一种由远及近的效果，这样画面意境更好。

（1）按 Home 键将播放头调整到 00:00:00:00 位置，选择"海景风光 03.mp4"素材，单击右侧属性面板中"位置大小"右侧的◈"关键帧"按钮添加关键帧，各项设置为默认值，如图 2-51 所示。

（2）按空格键播放视频到 00:00:07:00 位置，再次按空格键停止播放，再次单击右侧属性面板中"位置大小"右侧的◈"关键帧"按钮添加关键帧，然后设置"缩放"为 120%，"旋转"为 3°，其他设置默认，如图 2-52 所示。

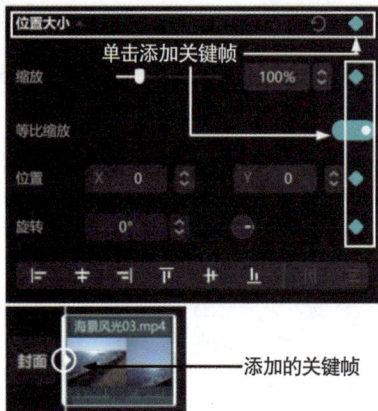

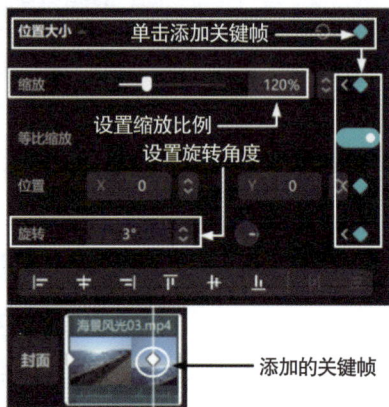

图 2-51　添加关键帧　　　　　图 2-52　添加关键帧并设置缩放与旋转

（3）按 Home 键将播放头调整到 00:00:00:00 位置，按空格键播放视频，此时发现画面的倾斜情况得到改善，然后单击"时间线"面板工具栏上的◉"倒放"按钮，将视频倒放，效果如图 2-53 所示。

图 2-53　调整后的视频画面效果

2. 添加、裁剪、分割另一个视频素材并添加转场效果。

（1）导入"海景.mp4"视频素材并将其添加到主轨道中"海景风光 03.mp4"素材的后面位置，按空格键播放视频，发现在该视频的 00:00:33:20 处出现了陌生人，这样不仅涉及人物肖像权的问题，而且也影响整个画面效果，效果如图 2-54 所示，我们需要将这段人物视频裁剪掉。

（2）按向左的方向键 5 次将视频退回到 00:00:33:15 处，使画面中不再有陌生人，然后单击"时间线"面板工具栏上的▮◀"向右裁剪"按钮，将视频播放头右侧的视频裁剪掉，如图 2-55 所示。

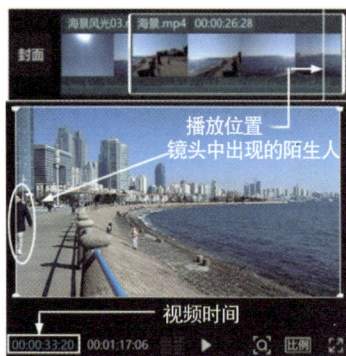

图 2-54　镜头中出现陌生人　　　　　图 2-55　视频裁剪效果

（3）继续调整播放头到 00:00:25:00 位置，单击"时间线"面板工具栏上的 Ⅱ "分割"按钮，将该视频从播放头位置分割为两段视频，如图 2-56 所示。

图 2-56　分割视频素材

（4）将前半段视频素材拖到后半段视频的末尾以备后用，然后将播放头调整到"海景风光 03.mp4"视频的末尾位置，在"转场"选项卡的"转场效果"列表中选择"叠加"转场效果，在右侧的属性面板设置其"时长"为 4.2s，使两个视频素材形成叠加的转场效果，如图 2-57 所示。

图 2-57　添加并设置"叠加"转场效果

（5）继续将播放头调整到后半段视频的开始位置，依照第（4）步的操作选择"叠化"转场效果，在右侧的属性面板设置其"时长"为 4.2s，使两个视频素材形成叠化的转场效果，如图 2-58 所示。

图 2-58　视频的"叠化"转场效果

3. 添加图片素材、视频素材，设置图片时长、添加转场效果。

（1）继续导入"海边风光 .jpg"并将其添加到第 1 副轨道，使其开始与主轨道素材的末尾对齐，然后移动鼠标指针到素材末尾按住鼠标左键向右拖曳，并观察播放器左下方的时长变化，当时长为 00:00:21:18 时停止拖曳，将图片时长由默认的 1s 增加到 3s，如图 2-59 所示。

图 2-59　调整图片时长

（2）继续导入"海边风光 04.jpg"和"海边风光 03.jpg"图片素材，将"海边风光 04.jpg"素材添加到"海边风光 .jpg"图片素材的末尾，将"海边风光 03.jpg"添加到"海边风光 04.jpg"的末尾，然后依照第（1）

步的操作，分别调整这两幅图片素材的时长为3s。

（3）依照第2小节第（4）步的操作，在"海边风光04.jpg"图片素材的前端位置添加"拉远"特效，并设置其时长为2.0s，在"海边风光03.jpg"图片素材的前端位置添加"雾化"特效，并设置其时长为2.0s，效果如图2-60所示。

图2-60　添加图片素材并设置转场效果

（4）继续导入"海景风光01.mp4"视频素材并将其添加到第1副轨道末尾图片素材的后面，然后在其开始位置添加"翻页"的转场效果，并设置其时长为2.0s，如图2-61所示。

图2-61　添加视频素材并设置转场效果

4. 设置特效、添加背景音乐并创建复合片段。

（1）将播放头调整到00:00:04:00的位置，在"特效"选项卡的"画面特效"列表中进入"光"选项，单击"光晕"特效，将其添加到特效轨道的播放头位置，给视频增加一些光晕的特效，如图2-62所示。

图2-62　添加"光晕"特效

（2）使用相同的方法，在00:00:22:00的位置添加"魔法"特效；在00:00:32:10的位置添加"荡漾Ⅱ"特效；在00:01:04:29位置添加"全剧终"特效，效果如图2-63所示。

（3）单击主轨道左边的"封面"按钮打开"封面选择"对话框，选择一个视频帧作为封面，如图2-64所示。

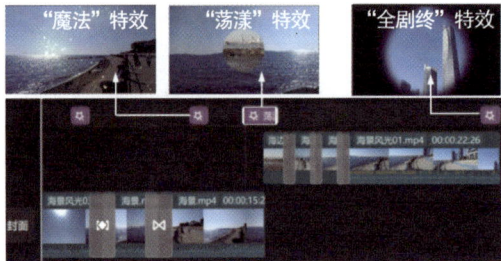

图2-63　添加视频特效　　　　图2-64　选择一个视频帧作为封面

小贴士

如果对封面不满意，则可以单击"本地"按钮，在自己的计算机上重新选择一张图片作为封面即可。

（4）继续单击 去编辑 按钮进入"封面设计"对话框，对选择的视频帧进行设计，如图 2-65 所示。

图 2-65　设计封面

（5）设计完成后单击 完成设置 按钮关闭该对话框，然后按住 Ctrl 键分别单击各个时间线中的视频素材进行选择，单击鼠标右键并选择"分离音频"命令将视频的背景声音分离，如图 2-66 所示。

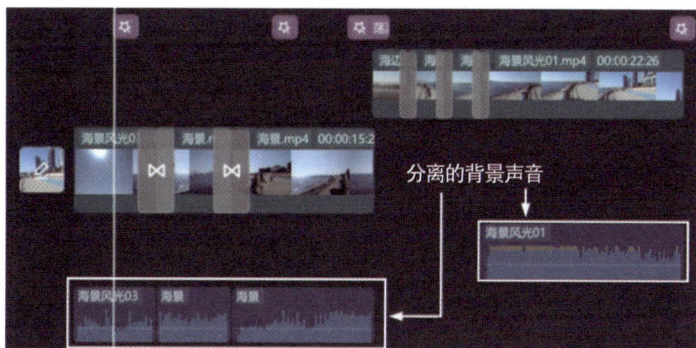

图 2-66　分离视频背景声音

（6）选择分离的背景声音，按 Delete 将其删除，然后进入"音频"选项卡，在"音乐素材"的"纯音乐"列表中选择"时光静好（钢琴曲）"，单击将其添加到音频轨道，如图 2-67 所示。

图 2-67　关闭视频声音并添加背景音乐

（7）将播放头移动到副轨道"全剧终"特效的末尾位置，选择音频轨道上的音乐素材，单击"时间线"面板工具栏上的 ⊪ "向右裁剪"按钮，将音频轨道上的音乐素材沿播放头右侧全部剪掉。

（8）按住 Ctrl 键单击所有视频、音频、图片素材以及转场、特效等，单击鼠标右键并选择"创建复合片段"命令，创建复合片段，再次单击鼠标右键并选择"保存为我的预设"命令，将创建的复合片段保存为我的预设，如图 2-68 所示。

图 2-68　创建复合片段并保存为我的预设

（9）单击界面右上角的 导出 按钮，打开"导出"对话框，为视频命名并选择存储路径，其他设置默认，如图 2-69 所示。

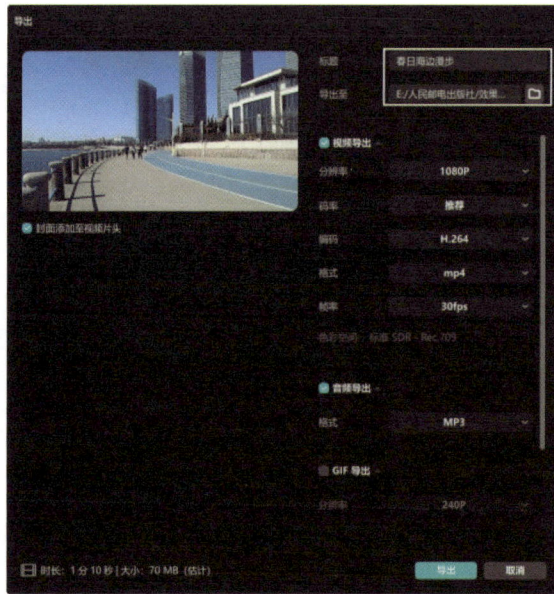

图 2-69　导出设置

（10）单击 ▊导出▊ 按钮开始导出视频。导出完成后，如果需要发布视频，则在弹出的"导出"对话框选择发布的平台，单击 ▊发布▊ 按钮，即可将视频发布到相应的平台上，如图 2-70 所示。

图 2-70　发布视频

03

第3章

视频的基础编辑
与AI功能

本章导读

　　本章聚焦视频剪辑的两个关键技术——基础编辑与抠像。从画面精细调整到智能效果应用，再到抠像技术的深入实践，读者将通过丰富的案例掌握提升视频质量与效果的核心技能。这些技巧不仅能使视频画面更加精美、效果更加出众，更能为视频创作增添专业魅力。

▶ 本章学习内容

· 基础编辑
· 智能效果
· 抠像效果
· AI功能

3.1 基础编辑

画面包括动态的视频与静态图片，二者都是视频创作的重要元素。本节将通过具体案例，系统讲解视频剪辑中画面编辑的基础知识与操作技巧。

3.1.1 案例引导——画面位置大小与混合模式

在视频编辑过程中，用户可根据创作需求灵活调整画面位置大小，并设置合适的混合模式。下面将通过具体案例，详细讲解画面位置大小的调整方法，以及画面混合模式的设置技巧。

1. 画面的位置大小

画面的位置大小的调整参数包括缩放比例、位置坐标、旋转角度以及对齐方式等。

【操作步骤提示】

（1）新建草稿，导入"海景.jpg"图片素材并将其添加到主轨道，然后单击选中素材，在右侧的属性面板选择"画面">"基础"选项，在"位置大小"选项下设置参数，调整画面的位置大小，如图3-1所示。

图3-1 选择素材并进入属性面板

（2）默认设置下，画面以100%的比例显示在播放器窗口中。用户可通过拖动"缩放"滑块或直接在"缩放"文本框中输入数值来调整画面大小。

（3）单击"等比缩放"按钮可保持画面比例进行缩放。单击右侧 按钮可关闭该功能，关闭后即可分别调整画面的宽度和高度，具体操作如图3-2所示。

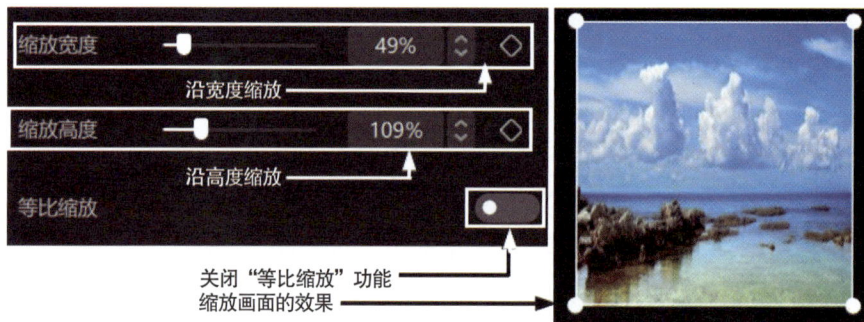

图3-2 缩放画面

（4）在"位置"选项的X或Y文本框输入参数，或单击微调按钮以设置画面在播放器窗口的位置，当"X"和"Y"为0时，画面位于播放器窗口的中心。

（5）在"旋转"文本框设置画面在播放器窗口的角度，可使画面在播放器窗口中呈现倾斜效果，如图3-3所示。

图 3-3　不同"旋转"角度的画面效果

小贴士

除属性面板外，用户也可直接在播放器窗口调整画面位置、大小及旋转角度。具体方法如下：
选中素材后，将鼠标指针移至播放器窗口并拖曳即可移动画面；将鼠标指针移至画面一角拖曳可缩
放画面；将鼠标指针移至画面下方旋转按钮⟳拖曳即可旋转画面。如图 3-4 所示。

图 3-4　调整画面位置大小、缩放与角度

（6）单击相应的对齐按钮，可选择画面与播放器窗口对齐的方式，如图 3-5 所示。

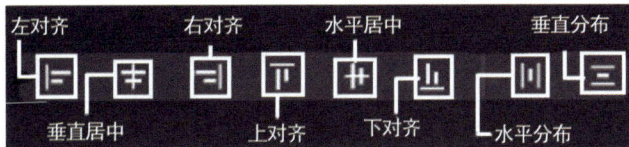

图 3-5　对齐画面按钮

2. 画面的混合模式

混合模式是指两个重叠画面之间的融合效果，其原理与 Photoshop 中的图层混合模式一致。

【操作步骤提示】

（1）延续上节操作。导入"飞翔的老鹰.jpg"图片素材并将其添加到副轨道，使其与主轨道上的图
片素材重叠，如图 3-6 所示。

图 3-6　画面重叠效果

（2）选中"飞翔的老鹰.jpg"的图片素材，在右侧的属性面板勾选"混合"选项，在"混合模式"
列表中选择混合模式，并在"不透明度"选项设置混合的不透明度，如图 3-7 所示。

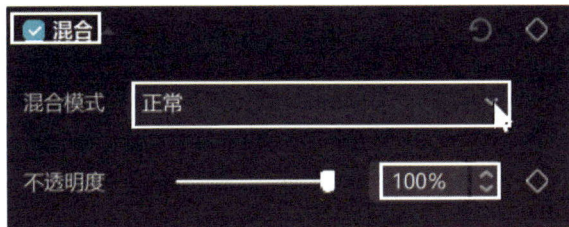

图 3-7　设置混合模式与不透明度

47

（3）在剪映专业版中，画面的混合模式一共有11种类型，分别是"变亮""滤色""变暗""柔光""强光""叠加""颜色加深""线性加深""颜色减淡""正常""正片叠底"。各混合模式的混合效果如图3-8所示。

图 3-8 不同混合模式效果

3.1.2 练习——"闲时超市溜达"短视频剪辑

通过调整画面位置大小与混合模式，不仅可以精确控制画面在播放器中的位置，结合关键帧技术还能实现丰富的镜头转场效果。本节将通过"闲时超市溜达"短视频案例，详细讲解画面位置大小与混合模式的实际应用。由于篇幅所限，具体操作过程请读者观看视频讲解。

"闲时超市溜达"短视频效果如图3-9所示。

图 3-9 "闲时超市溜达"短视频效果

"闲时超市溜达"短视频剪辑操作步骤提示

1. 导入视频素材并通过调整视频画面的位置大小制作转场效果

转场是视频剪辑中连接不同镜头的过渡技术。合理运用转场不仅能增强视频的叙事连贯性，还能提升视觉效果的表现力。通过精确调整画面尺寸、位置和角度等参数，并配合关键帧技术，可以轻松实现多样化的专业转场效果。

2. 添加另一个素材并通过设置混合模式制作另一种转场效果

混合模式用于控制两个重叠画面的叠加效果。通过调整混合模式的不透明度参数，结合关键帧技术，可以实现包括镜头倒放在内的多种转场效果。

3. 添加其他素材制作画中画效果

画中画效果是一种视频处理技术，通过在主画面中嵌入副画面来呈现。这种效果能够丰富视频的视觉层次，增强画面的信息量和观赏性。

4. 设计视频封面、创建复合片段并导出

视频封面作为视频的视觉门户，直接影响观众的点击意愿和视频的传播效果。优质的封面设计能够显著提升视频的吸引力，增加播放量。在视频剪辑完成后，建议将作品创建为复合片段并导出，这不仅有利于视频文件的规范化存储，也便于后续的素材管理和使用。

3.1.3　案例引导——画面防抖与超清画质

视频拍摄过程中，受设备稳定性、环境因素等影响，常会出现画面抖动或清晰度不足等问题，严重影响视频质量。剪映专业版提供的视频防抖和高清画质功能，可有效改善画面稳定性并提升清晰度。本节将深入讲解这些功能的原理及应用方法。

【操作步骤提示】

（1）新建草稿并导入"随手拍 02.mp4"视频素材。该素材为行走过程中拍摄的街景视频，添加到主轨道后，按空格键预览可观察到画面存在明显的水平晃动和抖动现象，同时清晰度不足，如图 3-10 所示。

图 3-10　视频素材画面

（2）选择轨道素材，在右侧属性面板"画面"＞"基础"选项下勾选"视频防抖"选项，在"防抖等级"列表中选择防抖的等级，如图 3-11 所示。

"裁切最少"：选择该选项，在处理抖动效果时对视频画面裁切最少。

"最稳定"：选择该选项，画面最稳定。

（3）选择防抖等级后，剪映专业版开始对视频进行处理，处理完成后再次播放视频，发现画面的抖动效果得到了极大改善。

（4）继续勾选"超清画质"选项，并在其"等级"列表中选择一种等级，以提升画面清晰度，如图 3-12 所示。

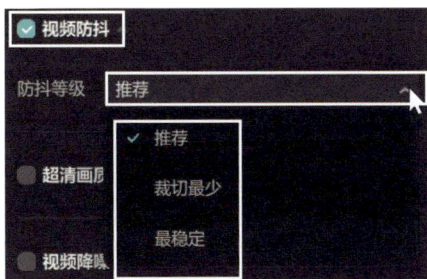

图 3-11　选择防抖等级

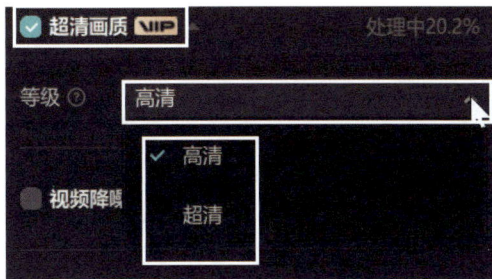

图 3-12　选择超清画质等级

（5）选择超清画质等级后，剪映专业版开始处理画面，待处理完成后再次播放视频，会发现不仅视频画面的抖动效果得到了极大的改善，同时也比原来更清晰了。

3.1.4　案例引导——镜头追踪与视频去频闪

1. 镜头追踪

镜头追踪是视频剪辑中的一项重要技术，通过识别并跟踪画面中特定目标（如人物头部、身体或手部）的运动轨迹，实现背景的动态抖动效果。例如，在舞台表演拍摄中应用镜头追踪功能后，固定镜头拍摄的舞蹈画面会产生背景随人物动作同步抖动的视觉效果。本节将通过具体案例，详细讲解镜头追踪技术的应用方法。

【操作步骤提示】

（1）新建草稿，导入"摇头晃脑.mp4"视频素材并将其添加到主轨道，按空格键播放视频，发现这是一段采用固定镜头拍摄的随背景音乐节奏打拍子的自拍视频，如图3-13所示。

3-13　自拍视频片段

（2）在主轨道上单击选择视频素材，在右侧属性面板的"画面">"基础"选项下勾选"镜头追踪"选项，该功能有3个追踪目标，分别是"头""身体"和"手"。

（3）根据画面具体情况选择追踪目标。选择"头"为追踪目标，此时画面人物头部位置出现绿色方框；选择"手"为追踪目标，此时画面人物手的位置出现绿色方框，如图3-14所示。

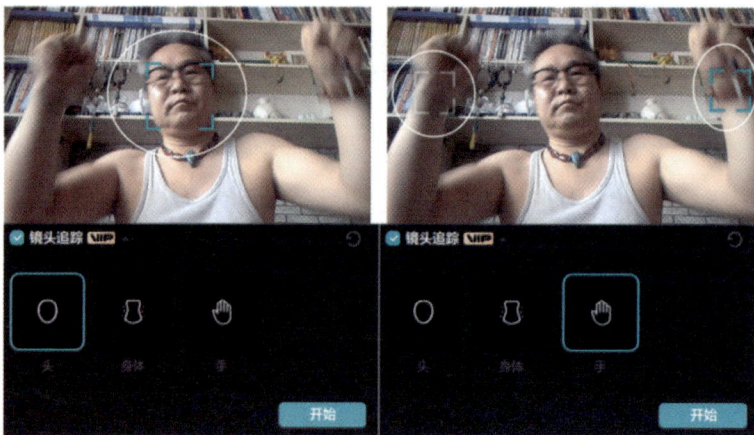

图3-14　选择追踪目标

小贴士

镜头追踪只能追踪人物的头、身体或手，当视频画面中不存在这些追踪对象时，剪映专业版会提示用户需要重新选择追踪对象。

（4）例如，选择"头"为追踪目标，单击 开始 按钮，剪映专业版开始进行追踪计算，追踪计算完成后，播放视频会发现有画面溢出的情况，这是镜头追踪的结果，如图3-15所示。

（5）在下方选项中单击"适应画布大小"右侧的 ⬤▬ 按钮使其变为 ▬⬤ 按钮开启该功能，剪映专业版会根据人物晃动幅度自动缩放画面，以适应画布大小，避免画面溢出情况的出现，如图3-16所示。

图3-15　画面溢出　　　　　　　图3-16　画面未溢出

（6）继续在"镜头晃动强度"文本框输入镜头晃动的强度参数以控制镜头晃动的强度。镜头晃动强度的参数值越大，镜头晃动越明显，反之不明显。

（7）单击"保持目标大小不变"右侧的 ⬤▬ 按钮，使其变为 ▬⬤ 按钮，开启该功能，以保持画面目标大小不变；单击"画布模糊"右侧的 按钮，使其变为 按钮，关闭该功能，可使画布不再模糊。

（8）设置完毕后再次按空格键播放视频，会发现原来固定不动的背景画面此时会随着人物头部的晃动开始抖动，效果如图 3-17 所示。

图 3-17　"镜头追踪"效果

2. 视频去频闪

视频拍摄中的频闪现象源于帧率与光源频率的差异。影视制作通常采用 24 帧 / 秒（fps）或 30 帧 / 秒（fps）的帧率，而人工光源的工作频率多为 50Hz 或 60Hz，当两者频率不同步时就会产生频闪效应。

频闪不仅影响视频观感，更会对人体健康造成损害。持续性的频闪可能导致视觉疲劳、头痛、眩晕等不适症状。因此，在视频剪辑中消除频闪既是提升视频质量的关键，也是保护观众健康的必要措施。本节将通过具体案例，详细讲解去除视频频闪的技术方法。

【操作步骤提示】

（1）新建草稿，导入"海边漫步 .mp4"视频素材并将其添加到主轨道，按空格键播放视频，发现由于光线的原因，视频画面出现轻微的频闪，如图 3-18 所示。

图 3-18　视频播放效果

（2）选择视频素材，在右侧属性面板的"画面">"基础"选项下勾选"视频去频闪"选项启用该功能，然后在"类型"列表中选择灯光类型，在"等级"列表中选择处理等级，如图 3-19 所示。

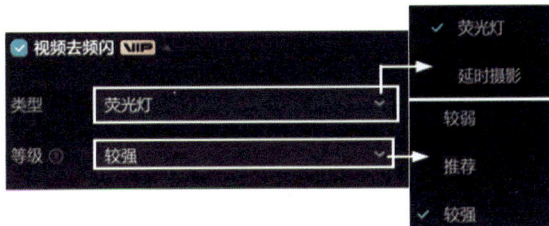

图 3-19　选择灯光类型与处理等级

（3）选择灯光类型与处理等级后，剪映专业版开始进行处理，处理完后再次按空格键播放视频，发现视频的频闪效果得到了很好的改善。

3.1.5 练习——"我的萌宠小狸猫"短视频剪辑

频闪并非总是带来负面影响，恰当运用可以成为增强视频视觉效果的创意手段。通过精心设计的频闪效果，能够为画面增添独特的视觉冲击力，给观众留下深刻印象。本节将以"我的萌宠小狸猫"短视频为例，讲解如何利用频闪效果实现闪光变速等创意技法。由于篇幅所限，详细操作过程请读者观看视频讲解。

"我的萌宠小狸猫"频闪特效短视频剪辑效果如图 3-20 所示。

图 3-20 "我的萌宠小狸猫"短视频剪辑

【操作步骤提示】

（1）分别将"小猫咪 01.jpg"~"小胖咪 05.jpg"图片素材导入主轨道与第 1 副轨道~第 4 副轨道，并使其首尾相连。

（2）在剪映专业版素材库中搜索"白场"，并将其添加到第 1 副轨道素材前端位置，再根据需要缩短时长，然后设置其"混合"模式为"叠加"模式，设置"不透明度"为 20%。

（3）继续搜索"闪黑"特效并将其添加到特效轨道，使其与第 1 副轨道上的"白场"对齐，并设置其"速度"为 50。

（4）复制"白场"与"闪黑"特效，将其分别粘贴到其他副轨道素材的前端，最后选择一段合适的背景音乐，这样就完成了该短视频效果的剪辑。

3.2 智能效果

剪映专业版集成了多项智能画面处理功能，包括智能打光、智能运镜和智能裁剪等核心工具。这些智能化功能显著提升了视频剪辑的效率和质量。本节将通过具体案例学习这些智能效果的应用技巧。

3.2.1 案例引导——智能打光效果

剪映专业版的智能打光功能包含基础面光、氛围彩光和创意光效等，使用户能够便捷地对视频画面进行专业级补光处理。即使是普通设备拍摄的素材，经过这些功能的优化也能呈现出媲美专业大片的视觉效果。

新建草稿，导入"女孩 A.jpg"图片素材并将其添加到主轨道，在右侧属性面板"画面">"基础"选项下勾选"智能打光"选项，显示 4 种类型的光，分别是"基础面光""氛围彩光""创意光效"和"预设"，如图 3-21 所示。

1. 基础面光

单击"基础面光"按钮进入其界面，这种打光共 4 种光效，可以为画面提供面光源效果，如图 3-22 所示。

图 3-21 智能打光的 4 种类型

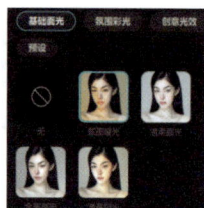

图 3-22 4 种"基础面光"效果

【操作步骤】

（1）分别单击各预览图，为素材画面添加相关灯光效果，如图 3-23 所示。

| "氛围曝光"效果 | "温柔面光"效果 | "金属高光"效果 | "清晨阳光"效果 |

图 3-23　"基础面光"的 4 种打光效果示例

（2）选择任意一个光源，在"光源类型"列表选择光源的类型，其中"平行光"类似于日常生活中使用的手电筒的光效，而"点光源"则类似于家庭中日光灯的光效。

（3）在"对象"列表中选择"全部""人物"或者"背景"作为照射的对象；单击"颜色"下拉列表框，在打开的颜色列表中设置灯光的颜色；拖动相关参数的滑块或者直接输入相关参数以设置灯光的强度、光源半径、光源距离、位置、高光以及画面明暗等，如图 3-24 所示。

2. 氛围彩光

单击"氛围彩光"按钮进入其界面，这种打光效果可以为画面提供更具浪漫氛围的光照效果，共包括 8 种光效，如图 3-25 所示。

图 3-24　光源设置

图 3-25　8 种"氛围彩光"效果

【操作步骤提示】

（1）分别单击各预览图，为素材画面添加相关灯光效果，如图 3-26 所示。

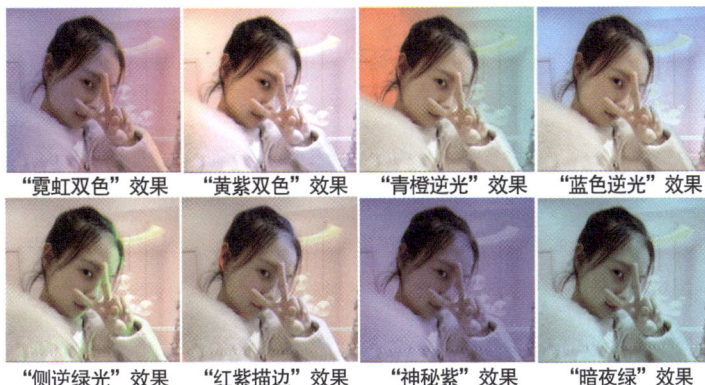

| "霓虹双色"效果 | "黄紫双色"效果 | "青橙逆光"效果 | "蓝色逆光"效果 |
| "侧逆绿光"效果 | "红紫描边"效果 | "神秘紫"效果 | "暗夜绿"效果 |

图 3-26　"氛围彩光"的 8 种打光效果示例

（2）选择任意一个光源，在"光源类型"列表中选择光源的类型；在"对象"列表中选择"全部""人物"或者"背景"作为照射的对象；单击"颜色"按钮，在打开的颜色列表中设置灯光的颜色；拖动滑块或者直接输入相关参数以设置灯光的强度、光源半径、光源距离、位置、高光及画面明暗等，如图3-24所示。

3. 创意光效

这种灯光效果可以为画面提供多彩的动态创意光照效果。单击"创意光效"按钮进入其界面，共包括6种光效，如图3-27所示。

【操作步骤提示】

（1）通过单击预览图选择所需的灯光效果，在对象选项中选择照射范围（全部、人物或背景）。随后可通过滑块调节或直接输入数值，精确设置灯光强度、光源半径、光源距离等参数，以及旋转、变色、闪烁速度等动态效果，同时可调整画面明暗度。具体参数设置如图3-28所示。

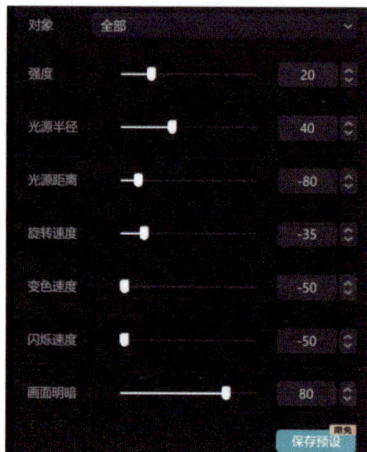

图 3-27 "创意光效"的6种光效　图 3-28　设置"创意光效"的灯光参数

（2）"创意光效"的6种光效如图3-29所示。

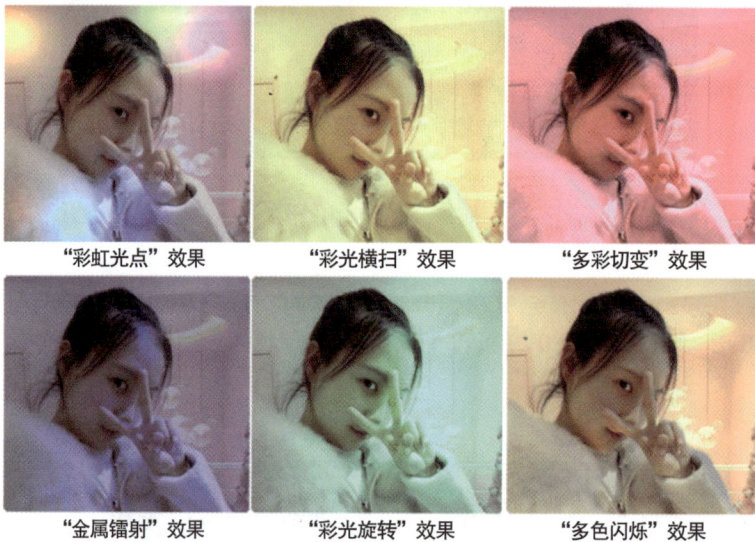

"彩虹光点"效果　　"彩光横扫"效果　　"多彩切变"效果
"金属镭射"效果　　"彩光旋转"效果　　"多色闪烁"效果

图 3-29　"创意光效"光效示例

小贴士

应用智能打光功能时，用户不仅可自定义灯光颜色及其他参数，还能灵活调整灯光位置，并自由添加或删除光源。以"基础面光"中的"氛围暖光"效果为例，画面默认显示"灯光1"和"灯光2"两个光源。用户可选中任一光源进行位置调整，通过预览图下方按钮➕添加新光源，或点击光源名称右上角按钮✖删除光源，如图3-30所示。

图 3-30 调整灯光位置与增加和删除灯光

此外，用户可通过预设面板中的自定义功能添加光源。单击"自定义"按钮为画面添加一个光源，然后可根据需求继续添加多个光源。每个光源均可独立设置类型、位置、颜色及其他参数，实现个性化的灯光效果定制，如图 3-31 所示。

图 3-31 个性化灯光效果定制

3.2.2 练习——"冬日赶海日记"短视频剪辑

剪映专业版的智能打光功能能够为视频和图片素材添加专业级灯光效果，显著提升画面的视觉表现力，创造出引人入胜的光影效果。

本节将以"冬日赶海日记"短视频创作为例，运用多幅赶海主题图片素材，结合智能打光功能及其他剪辑技巧，对前期学习的智能打光技术和视频剪辑知识进行综合实践。由于篇幅所限，"冬日赶海日记"短视频剪辑的详细操作过程请读者观看视频讲解。

"冬日赶海日记"短视频的最终剪辑效果如图 3-32 所示。

图 3-32 "冬日赶海日记"短视频

【操作步骤提示】

（1）制作主轨道视频。

新建草稿，导入"赶海 11.jpg"到主轨道，调整其时长为 5s，分别在相关位置添加关键帧，勾选"混合"选项，再设置"不透明度"值，制作逐渐显现的画面效果。

（2）制作第1副轨道视频。

继续将"赶海02.jpg"图片素材添加到第1副轨道相关位置，设置其时长为5s；分别在适当位置添加关键帧，设置"位置"参数，制作图片由右向中心画面，再由中心向左退出画面的效果；最后添加"基础面光"中的"清晨阳光"智能灯光，设置相关参数，制作光线由弱到强、由低到高的光效变化效果。

（3）制作其他副轨道视频。

依照第（2）步的操作，将"赶海06.jpg""赶海07.jpg""赶海05.jpg""赶海01.jpg"图片素材分别添加到第2~第4副轨道相关的位置，设置其时长为5s；分别在相关位置添加关键帧，制作画面动感效果；最后添加相关智能灯光，设置相关参数制作画面的光效。

（4）为丰富画面效果，增加画面视觉感染力，可以分别在各画面上添加剪映专业版提供的相关视频特效，并制作视频封面，添加与画面风格相匹配的背景音乐，完成"冬日赶海日记"短视频的剪辑。

3.2.3 案例引导——降噪与智能运镜效果

1. 视频降噪

无论是视频素材还是静态图片，过多的噪点都会显著影响画面质量。在剪映专业版中，用户可启用视频降噪功能，通过调节降噪强度参数，有效减少画面噪点，从而提升整体画质。

【操作步骤提示】

（1）新建草稿并导入"小猫咪04.jpg"图片素材到主轨道。

（2）在轨道上单击选择"小猫咪04.jpg"图片素材，在右侧属性面板的"画面"＞"基础"选项下勾选"智能降噪"选项，并在其"强度"列表中选择降噪的强度，如图3-33所示。

图3-33 启用"视频降噪"功能并选择降噪强度

（3）选择降噪的"强度"后，剪映专业版会对画面进行降噪处理，并在轨道上的素材标题栏显示"视频降噪"字样，如图3-34所示。

图3-34 视频降噪

2. 智能运镜

剪映专业版的智能运镜功能与视频防抖功能形成互补。该功能可在固定镜头或运动镜头拍摄的基础上，额外添加动态效果，使画面更具视觉冲击力和表现力。

【操作步骤提示】

（1）新建草稿，导入"海景风光01.mp4"视频素材并将其添加到主轨道，按空格键播放视频会发现，尽管这是一个运动镜头拍摄的海边漫步的视频，但镜头运动的幅度并不大，画面效果如图3-35所示。

图 3-35　不同时段的镜头画面

（2）选中主轨道视频素材后，在右侧属性面板的"画面">"基础"选项下勾选"智能运镜"选项。该功能提供 4 种运镜效果，选择所需效果后系统将自动处理。处理完成后，可在参数面板中根据所选效果类型进行个性化设置，如图 3-36 所示。

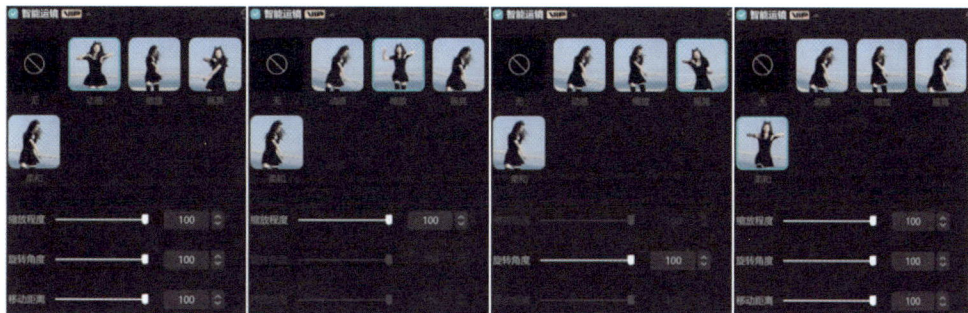

图 3-36　4 种智能运镜效果

（3）选择"摇晃"智能运镜效果应用到视频中，设置旋转角度为 100°。按空格键预览可观察到视频画面产生了明显的水平晃动效果，具体效果如图 3-37 所示。

图 3-37　"摇晃"智能运镜效果

3.2.4　案例引导——智能裁剪与运动模糊效果

1. 智能裁剪

剪映专业版的智能裁剪功能为用户提供了便捷的视频裁剪解决方案，能够满足多样化的创作需求。本节将通过具体案例，详细讲解智能裁剪功能的使用方法和技巧。

【操作步骤提示】

（1）新建草稿并导入"烟花 .mp4"视频素材，将其添加至主轨道。该视频素材的原始比例为 16:9，具体画面如图 3-38 所示。

图 3-38　原始视频的 16:9 比例效果

（2）选中视频素材，在右侧属性面板的"画面">"基础"选项下勾选"智能裁剪"选项以启用该功能，然后在"目标比例"列表中选择要裁剪的比例，例如选择 4:3，此时显示裁剪的预览效果，如图 3-39 所示。

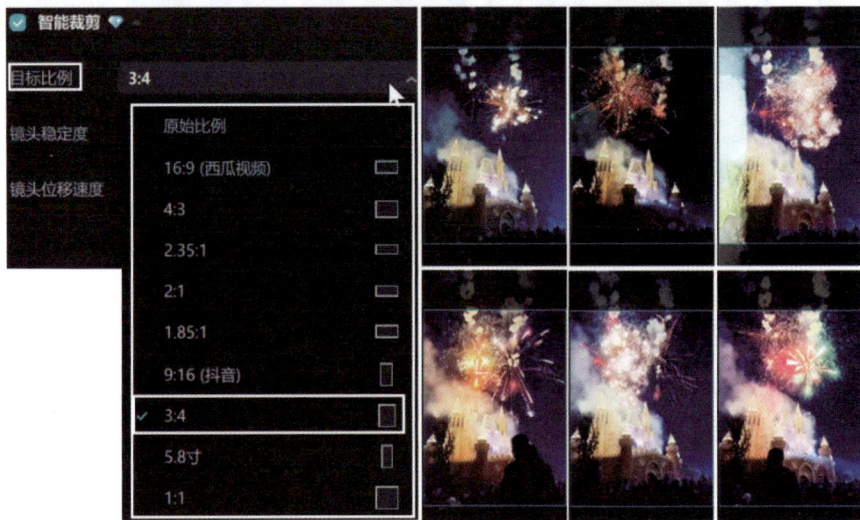

3-39　裁剪的预览效果

（3）在"镜头稳定度"列表中选择裁剪时镜头的稳定方式，在"镜头位移速度"列表中选择裁剪时镜头的位移速度，如图 3-40 所示。

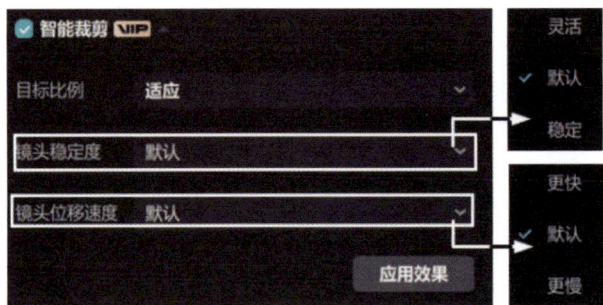

图 3-40　选择镜头稳定度与位移速度

（4）设置完成后单击 应用效果 按钮即可完成对视频的裁剪。

2. 运动模糊

运动模糊效果能够有效增强视频画面的动态表现力。本节将通过具体案例，详细讲解如何使用剪映专业版的运动模糊功能来制作专业的运动模糊效果。

【操作步骤提示】

（1）新建草稿，导入"超市一角 02.mp4"视频并将其添加到主轨道，按空格键播放视频，发现视频并未出现模糊的情况，效果如图 3-41 所示。

图 3-41　原视频效果

（2）选中视频素材，在右侧属性面板的"画面">"基础"选项下勾选"运动模糊"选项以启用该功能，然后设置"模糊程度"参数以控制模糊的程度，数值越大运动模糊效果越明显；设置"融合程度"参数以控制模糊后的视频与原视频的融合度，数值越大融合效果越好；继续在"模糊方向"列表中选择模糊的方向；在"模糊次数"列表选择模糊的次数，如图 3-42 所示。

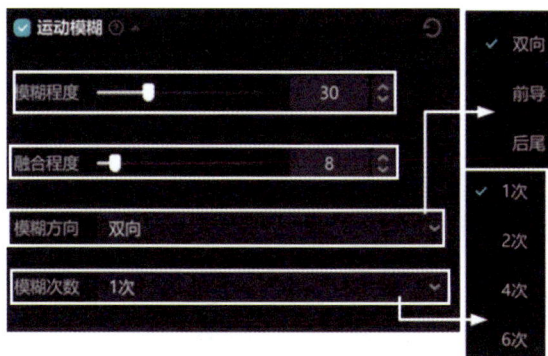

图 3-42　"运动模糊"面板

（3）设置好相关参数后剪映开始处理素材，处理完成后再次按空格键播放视频，发现视频画面出现了模糊，效果如图 3-43 所示。

图 3-43　运动模糊效果

3.2.5　练习——"打码陌生人"短视频剪辑

视频打码是保护个人隐私的常用技术手段。除传统打码方式外，剪映专业版提供的模糊特效和蒙版功能也能实现类似的隐私保护效果，同时可制作出更具视觉美感的运动模糊效果。本节将以"隐匿陌生人"短视频为例，详细讲解运动模糊效果的制作方法和应用技巧。具体操作步骤请参考配套视频讲解。

"打码陌生人"短视频剪辑效果如图 3-44 所示。

图 3-44　"打码陌生人"短视频剪辑

【操作步骤提示】

（1）新建草稿，将"海景 01.mp4"导入并添加到主轨道，复制素材并将其粘贴到副轨道，然后为主轨道上的素材添加"模糊"特效。

（2）调整到开始位置，选择副轨道上的素材，为其添加"圆形蒙版"，添加关键帧并设置其位于画面之外，大小与人物头部相当。

（3）继续调整到人物出现的前一帧，再次添加关键帧，继续移动播放头到人物出现的那一帧，移动蒙版使其覆盖人物头部。

（4）按方向键右键逐帧移动播放头，并移动蒙版到人物头部，直到视频播放完毕，最后将蒙版翻转，完成制作。

3.2.6 案例引导——背景填充效果

剪映专业版的播放器窗口默认采用黑色背景。在实际应用中，用户可根据创作需求，选择原画面、纯色或预设样式进行背景填充。本节将通过具体案例，详细讲解背景设置的相关操作技巧。

【操作步骤提示】

（1）新建草稿，导入"女孩 A.jpg"图片素材并将其添加到主轨道，在右侧属性面板的"画面">"基础"选项下设置其"缩放"为 50%，此时发现背景为黑色，如图 3-45 所示。

（2）向上推动面板，勾选"背景填充"选项以启用该功能，并在列表中选择填充方式，如图 3-46 所示。

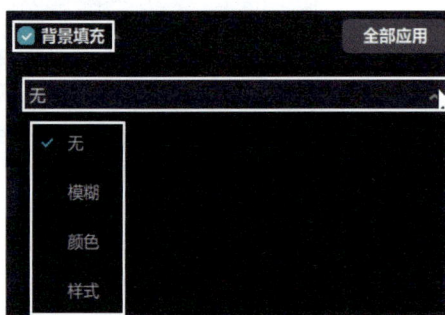

图 3-45　无背景填充　　　　　图 3-46　设置背景填充内容

（3）选择"模糊"选项，系统提供不同程度的模糊效果对背景进行填充，如图 3-47 所示。

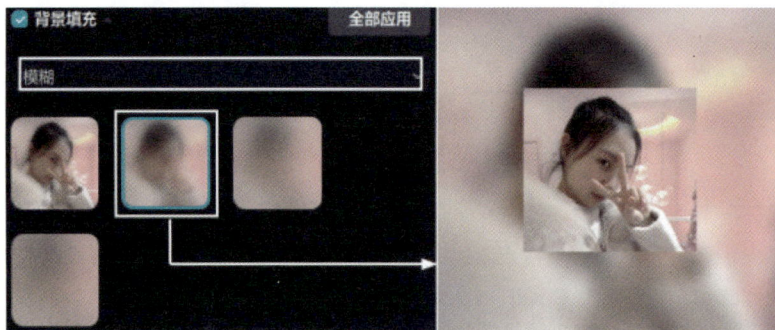

图 3-47　背景填充效果

（4）选择"颜色"选项，系统将显示颜色选择面板，用户可选取所需颜色填充背景；选择"样式"选项，系统会弹出预设样式库，用户可挑选合适的样式进行背景填充。完成设置后，单击 全部应用 按钮即可将所选填充效果应用到全部视频片段，具体效果如图 3-48 所示。最后单击按钮，将填充应用到全部片段，效果如图 3-48 所示。

图 3-48　颜色与样式背景填充

3.3　抠像效果

视频抠像技术与 Photoshop 中的图像抠像原理相同，都是将特定对象从背景中分离出来。剪映专业版提供了 3 种专业抠像方案：色度抠图、自定义抠像和智能抠像。本节将通过具体案例，详细讲解这些抠像技术的应用方法。

3.3.1　案例引导——色度抠图

"色度抠图"功能通过颜色采样和清除实现对象分离，其原理类似于 Photoshop 中的"颜色范围"选择工具。下面将通过简单案例，系统讲解色度抠图的操作步骤和应用技巧。

【操作步骤提示】

（1）新建草稿，向主轨道添加"赶海 10.jpg"图片素材，向副轨道添加"飞翔的老鹰 .jpg"图片素材，然后调整该素材的"缩放"值为 55%，效果如图 3-49 所示。

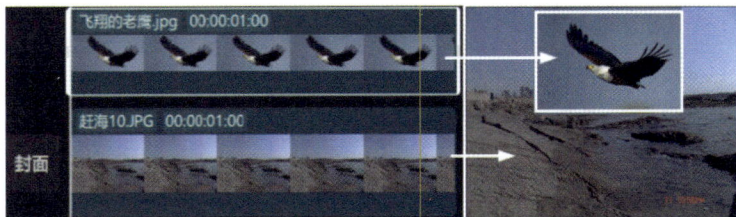

图 3-49　添加素材并调整缩放比例

（2）选择"飞翔的老鹰 .jpg"图片素材，在右侧属性面板的"画面">"抠像"选项下勾选"色度抠图"选项，激活 🖊 "取色器"按钮，在天空位置单击拾取颜色，然后设置相关参数，即可完成抠图，如图 3-50 所示。

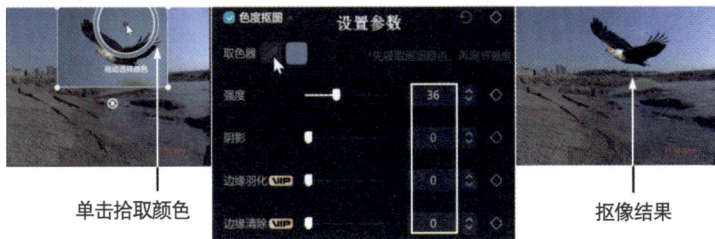

图 3-50　抠像操作

小贴士

完成颜色拾取后，可通过调整"强度"和"阴影"参数来控制抠像精度，同时设置"边缘羽化"与"边缘清除"值，实现对抠图边缘的羽化处理和瑕疵修复。

3.3.2 练习——"善变的海水"短视频剪辑

巧妙运用"色度抠图"功能能够创造出独特的视频视觉效果。本节将以"善变的海水"短视频为例，详细讲解"色度抠图"功能在实际创作中的应用技巧。具体操作步骤请参考配套视频讲解。

"善变的海水"短视频剪辑效果如图3-51所示。

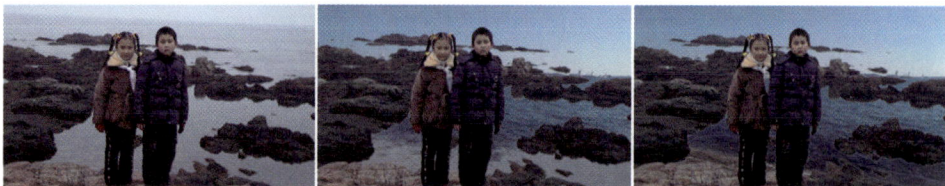

图3-51 "善变的海水"短视频效果

【操作步骤】

（1）新建草稿，向主轨道添加"海边风光01.jpg"图片素材，向副轨道添加"赶海04.jpg"图片素材，然后调整其"缩放"值，使两个素材完全重叠。

（2）在0帧位置使用"色度抠图"对"赶海04.jpg"图片素材的海面进行抠图，并添加关键帧，设置所有参数均为0，不清除颜色。

（3）在视频末尾位置设置"色度抠图"的"强度"值为35、"阴影"为50、"边缘羽化"值为30，以清除"赶海04.jpg"素材的海面颜色从而显现"海边风光01.jpg"素材的海面的颜色，形成海水变化的效果。

（4）最后添加一段合适的背景声音，完成该短视频的剪辑。

3.3.3 案例引导——自定义抠像

在处理复杂静态画面时，可选用"自定义抠像"功能。该功能原理类似于Photoshop的快速蒙版工具，通过沿图像边缘绘制选区并进行填充来完成抠像操作。下面将通过简单案例，系统讲解该功能的使用方法和技巧。

【操作步骤】

（1）新建草稿，向主轨道添加"赶海.jpg"图片素材，并为其背景填充一种样式。

（2）在右侧属性面板的"画面">"抠像"选项下勾选"自定义抠像"选项，激活"智能画笔"按钮，在"大小"选项中设置画笔大小，然后沿人物图像边缘绘画并填充，如图3-52所示。

（3）激活"智能橡皮"或"橡皮擦"工具，将图像边缘对应的填充颜色擦除，然后单击 应用效果 按钮完成抠像，效果如图3-53所示。

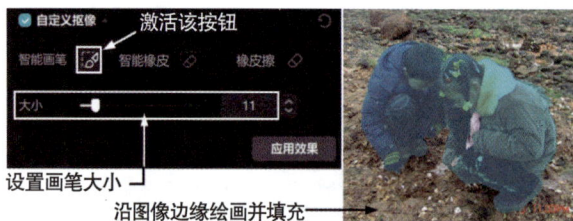

图3-52 沿图像边缘绘画并填充　　　　图3-53 抠像效果

3.3.4 案例引导——智能抠像

"智能抠像"功能可以自动对静态图片和动态视频进行抠像，下面继续通过简单案例操作学习相关知识。

【操作步骤】

（1）新建草稿，导入"美妆06.jpg"图片素材并将其添加到主轨道，然后为背景填充一种样式。

（2）在右侧属性面板的"画面">"抠像"选项下勾选"智能抠像"选项，即可完成抠像操作。

小贴士

启用"抠像描边"功能后，用户可在预览面板中选择描边样式，并设置描边颜色、设置对象与距离，可以对抠像后的对象进行描边，效果如图 3-54 所示。

图 3-54　原图与"智能抠像"效果比较

另外，勾选"AI 背景"后，输入背景效果的描述，例如输入"鲜花、草地、蓝天、绿树、飞鸟"，如图 3-55 所示。点击"生成"按钮，剪映首先对用户的内容进行分析，然后根据用户描述生成 4 幅不同背景的图像供选择，如图 3-56 所示。

图 3-55　输入背景描述　　　　图 3-56　AI 背景效果

如果对生成的背景效果不满意，可以单击 重新生成 按钮重新生成图像。

3.3.5　练习——"难忘美好瞬间"短视频剪辑

画面抠像功能为视频特效合成提供了强大的技术支持。本节将运用"智能抠像"功能，将"旗袍女孩 .mp4"中的人物与"海景风光 02.mp4"的场景进行合成，创作"难忘美好瞬间"短视频。通过该案例，我们将详细讲解剪映专业版抠像功能在实际创作中的应用技巧。具体操作步骤请参考配套视频讲解。

"难忘美好瞬间"短视频剪辑效果如图 3-57 所示。

图 3-57　"难忘美好瞬间"短视频剪辑

【操作步骤提示】

（1）新建草稿，将"海景风光 02.mp4"视频素材添加到主轨道，并向左裁剪掉多余的视频。

（2）将"旗袍女孩.mp4"视频素材添加到副轨道，利用"智能抠像"功能将背景抠除，然后将其对齐到主轨道视频的合适位置。

（3）在"旗袍女孩.mp4"视频素材的"混合"选项上添加关键帧，并通过设置"不透明度"的值，制作女孩逐渐出现在画面中以及逐渐淡出画面的效果。

（4）制作视频封面，并添加合适的背景音乐，完成"难忘美好瞬间"短视频的剪辑。

3.4 AI功能

剪映电脑专业版配备了多种先进的 AI 功能，这些功能旨在帮助用户以更高效的方式完成视频剪辑任务，显著减轻用户在视频编辑过程中的工作负担。在本节中，我们将通过一系列具体的案例操作，继续深入学习和掌握这些 AI 功能的相关知识，以便用户能够更加熟练地运用这些工具来提升视频制作的效率和质量。

3.4.1 案例引导——AI扩展

"AI 扩展"功能能够快速调整图片和视频素材的尺寸比例，使其适配视频画面规格。本节将以图片素材扩展为例，详细讲解该功能的具体操作方法和应用技巧。

【操作步骤提示】

（1）新建草稿并设置视频画面比例为 16：9。将"闪电.jpg"图片素材添加至主轨道后，可观察到素材比例与播放器窗口不匹配，效果如图 3-58 所示。

（2）选中素材后，在"画面"＞"基础"选项中启用"AI 扩展"功能。随后在扩展比例列表中选择合适的扩展比例，具体设置如图 3-59 所示。

图 3-58 素材与视频画面比例　　　　图 3-59 "AI 扩展"扩展比例设置

（3）例如，选择"16：9"比例后，单击 编辑扩展区域 按钮打开"调整大小"对话框。在此可调整原图缩放比例实现画面扩展，设置旋转角度参数，并在"描述词"文本框中填写扩展效果说明。如图 3-60 所示。

图 3-60 "调整大小"对话框

（4）单击 开始生成 按钮后，剪映专业版将根据用户设置的扩展参数，自动扩展素材宽度并生成 4 幅扩展画面，如图 3-61 所示。

图 3-61　扩展生成的画面

（5）用户可根据需求选择其中一幅画面，最后单击 应用 按钮返回，再单击 绑定 按钮，完成对素材的扩展，此时素材完全与播放器窗口匹配，效果如图 3-62 所示。

图 3-62　AI 扩展效果

小贴士

　　视频素材的扩展方法与图片素材的操作流程一致。鉴于篇幅限制，本节不再重复讲解具体步骤，建议读者参照图片扩展方法，自行尝试视频素材的扩展操作。

3.4.2　案例引导——AI 消除

　　"AI 消除"功能与 Photoshop 的污点修复画笔工具类似，能够快速移除图片或 30s 以内视频画面中的多余对象。需要注意的是，该功能仅提供 2 次免费试用，如需继续使用需购买会员服务。

　　新建草稿并将"晚霞 01.jpg"图片素材添加至主轨道。画面中可见灯塔矗立于晚霞之中，效果如图 3-63 所示。

图 3-63　素材图片画面效果

本节将以消除"晚霞 01.jpg"画面中的灯塔对象为例，详细讲解剪映专业版中"AI 消除"功能的使用方法和技巧。

【操作步骤提示】

（1）首先选择素材，在"画面">"基础"选项下勾选"AI 消除"选项，激活 ✎ "涂抹选区"工具，根据要消除的对象的大小，在"大小"选项调整画笔的大小，然后在画面中的灯塔对象上涂抹，效果如图 3-64 所示。

图 3-64 涂抹对象

（2）激活 ◈ "擦除选区"工具，在"大小"选项调整画笔大小，在涂抹的区域边缘拖曳鼠标以擦除涂抹区域边缘多余的部分，然后单击 消除 按钮，将画面中被涂抹的对象清除，效果如图 3-65 所示。

图 3-65 清除灯塔对象后的画面效果

3.4.3 案例引导——AI 补帧

在学习"AI 补帧"功能前，首先需要了解帧的概念及其重要性。视频由连续的静态画面组成，其中每一幅画面称为一帧。帧率（fps）是衡量视频质量的关键指标，由拍摄设备和设置决定。例如，30fps 表示每秒包含 30 帧画面，能够满足日常播放需求。但快速运动的画面或高刷新率的屏幕适配需求就需要提升视频帧率，这时就需要进行补帧处理。

剪映专业版的"AI 补帧"功能利用人工智能技术，通过在原始帧之间插入新帧来提升视频流畅度。该技术能够智能生成中间帧，特别适用于处理低帧率或不规范拍摄的视频，显著改善观看体验。经过"AI 补帧"处理后，即使是低帧率视频也能呈现流畅的播放效果。

新建草稿并将"城市夜景 .mp4"视频素材添加至主轨道。该视频帧率为 30fps，播放时可观察到画面流畅度和清晰度不足，效果如图 3-66 所示。

图 3-66 原视频画面

本节将运用剪映专业版的"AI 补帧"功能对该视频进行处理，以提升播放流畅度和画面清晰度。通过该案例，我们将详细讲解"AI 补帧"功能的具体操作方法和应用技巧。

【操作步骤提示】

（1）选中素材后，在"画面"＞"基础"选项中启用"AI 补帧"功能。系统将弹出"修改草稿帧率提示"对话框，提示用户需要进行帧率调整，如图 3-67 所示。

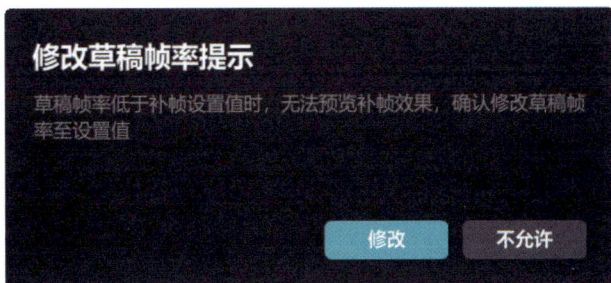

图 3-67 "修改草稿帧率提示"对话框

（2）单击"修改"按钮后，剪映专业版将自动进行补帧处理。处理完成后进入"AI 补帧"属性面板。用户可在帧率选项中选择目标帧率，鉴于原视频帧率为 30，建议选择 50 或 60。具体设置如图 3-68 所示。

图 3-68 选择补帧的帧率

（3）单击应用按钮后，剪映专业版将补帧设置应用于整个视频。完成补帧处理后再次播放，可观察到视频流畅度和画面清晰度显著提升，效果如图 3-69 所示。

图 3-69 视频的"AI 补帧"效果

3.4.4 案例引导——局部重绘

"局部重绘"功能与"AI 消除"功能形成互补，专为图片素材提供智能编辑服务。该功能利用人工智能技术，根据用户描述对图片局部进行智能重绘，实现画面内容的创意性添加。特别适合非专业用户进行快速图像编辑，主要功能包括以下几个。

（1）更换背景：支持将图片背景替换为其他图像；

（2）更换衣物或发型：可修改人物服装或发型；

（3）配饰编辑：支持添加或修改人物配饰；

（4）随机创作：未提供具体描述时，系统自动生成多种效果供选择；

（5）精准编辑：提供"涂抹选区"工具进行精确区域选择，配合"擦除选择"工具实现精细修改。

新建草稿并将"秘境.jpg"图片素材添加至主轨道。画面呈现蓝天映衬下的高山森林景观，湖水清澈，水天一色，唯美动人。但蓝天缺少云彩点缀，略显遗憾，效果如图 3-70 所示。

图 3-70　原素材画面

本节将运用剪映专业版的"局部重绘"功能，在画面蓝天区域添加白云元素，以提升画面美感和意境深度。通过该案例，我们将详细讲解"局部重绘"功能的具体操作方法和应用技巧。

【操作步骤提示】

（1）选中素材后，在"画面"＞"基础"选项中启用"局部重绘"功能。进入设置面板后，激活 ⬚ "涂抹选区"工具，调整画笔尺寸，在蓝天区域进行涂抹。随后在"描述修改的内容（选填）"框中输入重绘内容说明，如"白云朵朵"，具体操作界面如图 3-71 所示。

图 3-71　在画面中的蓝天区域涂抹

（2）单击 ⬚ 按钮后，剪映专业版将自动进行效果处理。处理完成后，系统会提供多个生成效果供用户选择，如图 3-72 所示。

图 3-72　局部重绘过程与结果

（3）用户可以根据自己的喜好选择一个结果，例如选择第一个结果图，然后单击 应用 按钮将结果应用到素材画面中，效果如图 3-73 所示。

图 3-73　生成的白云效果

小贴士

在重绘时，如果对涂抹的区域不满意，则可以激活 ◇ "擦除选区"工具，在"大小"选项调整画笔大小，在涂抹的区域上拖曳将其擦除，然后重新进行涂抹。此外，单击 生成 按钮后剪映专业版开始生成效果，如果要停止生成，则单击 停止生成 按钮，如果对生成的结果不满意，则单击 重新生成 按钮重新生成。

3.4.5　案例引导——补分辨率

在学习"补分辨率"功能前，首先需要明确分辨率的概念及其重要性。分辨率指每英寸包含的像素数量（PPI），是衡量画面清晰度的关键指标。如果说帧率（fps）决定视频流畅度，那么分辨率则直接影响画面清晰度。

像素是数字图像（包括图片和视频）的基本组成单元。当图像被充分放大时，可以看到由若干小方块组成的画面，这些小方块即为像素，具体示意如图 3-74 所示。

图 3-74　图像与像素

当图片分辨率为300PPI时，表示每英寸包含300个像素。如视频分辨率为1024×576，则指画面横向有1024像素，纵向有576像素。无论是图片还是视频，分辨率与画面清晰度成正比：分辨率越高，画面越清晰；分辨率越低，画面越模糊。"补分辨率"功能通过增加画面像素数量来提升图像和视频的清晰度。

剪映专业版的"补分辨率"功能利用人工智能技术，通过增加像素数量来提升画面清晰度。该技术通过在原始画面的像素间插入新像素，实现画面质量的显著提升。特别适用于处理低分辨率或不规范拍摄的素材，能够智能生成缺失像素，有效改善观看体验。经过"补分辨率"处理后，即使是低分辨率素材也能呈现更清晰的画面效果。

新建草稿并将"海鸥04.mp4"视频素材添加至主轨道。播放时可观察到画面清晰度不足，如图3-75所示。

图3-75　视频画面

本节将运用剪映专业版的"补分辨率"功能对该视频进行处理，通过增加像素数量来提升画面清晰度。

【操作步骤提示】

（1）选择素材，在"画面">"基础"选项下勾选"补分辨率"选项，此时打开"提示"对话框，提示用户素材会被上传到云端，如图3-76所示。

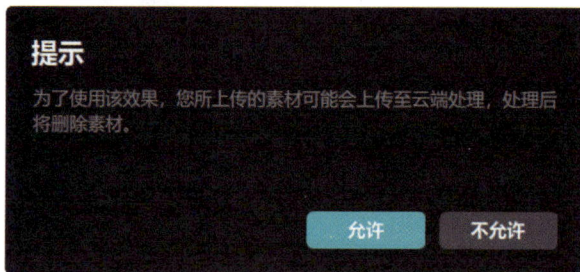

图3-76　"提示"对话框

（2）单击"允许"按钮确认，进入"补分辨率"设置面板，在"分辨率"列表中选择分辨率：1080P、2K或4K，如图3-77所示。

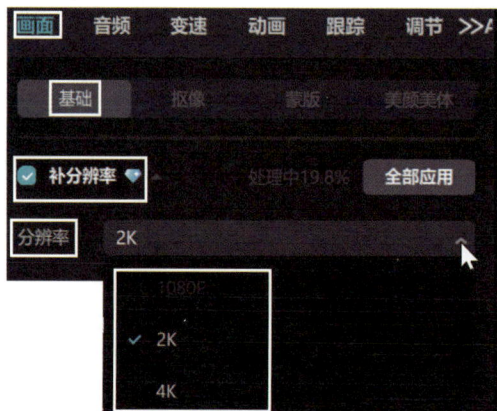

图3-77　选择"分辨率"

2K 分辨率作为视频制作和显示领域的常见标准，包含 1440p 和 1080p 两种规格。相比之下，4K 作为新一代分辨率标准，专为数字影院和计算机图形设计，具有更高的图像清晰度、更精细的画面细节、更出色的动态表现以及更大的可视范围等显著优势。

4K 的命名源于其约 4000 像素的横向分辨率特征。与基于纵向分辨率命名的传统 1080p 和 720p 标准不同，4K 提供了 4 倍于 1080p 的画质表现，代表了显示技术的重大进步。

（3）以选择 2K 分辨率为例，单击 全部应用 按钮后，剪映专业版将自动进行分辨率优化处理。完成处理后再次播放，可观察到画面清晰度较原始版本有显著提升。

3.4.6　案例引导——图文成片

"图文成片"功能能够根据用户输入的主题自动生成文案，并基于文案创建相应的视频内容。本节将通过具体案例，详细讲解该功能的使用方法和操作技巧。

【操作步骤提示】

（1）启动剪映专业版，在首页界面点击"图文成片"按钮，进入功能页面，具体界面如图 3-78 所示。

图 3-78　在"首页"单击"图文成片"按钮

（2）在页面左侧选择成片类型后，首先在主题文本框中输入主题内容，例如"梦想"；接着在话题文本框输入相关话题，如"力量、与现实的差距"；最后在视频时长选项中选择时长，例如"一分钟左右"。

（3）完成设置后，单击页面底部的 **生成文案** 按钮。剪映将自动创作文案，并显示在"图文成片"对话框右侧，如图 3-79 所示。

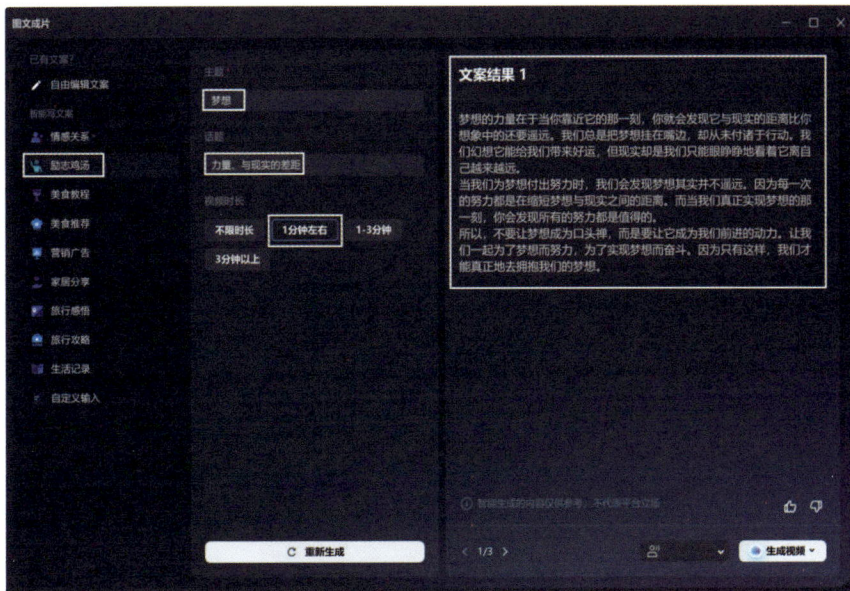

图 3-79　自动生成的文案

（4）单击配音按钮，从列表中选择合适的配音效果。单击 **生成视频** 按钮，系统将提供多种成片方式供选择，操作界面如图 3-80 所示。

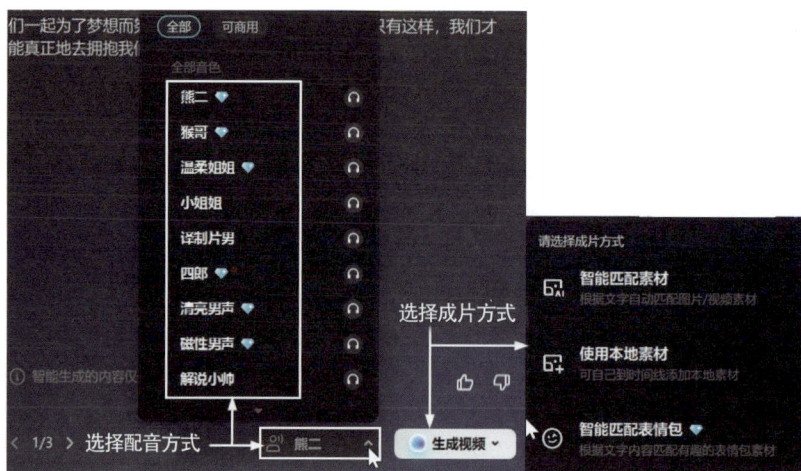

图 3-80　选择配音与成片方式

（5）以选择"解说小帅"配音和"智能匹配素材"成片方式为例，剪映将自动生成视频并在编辑界面打开，如图 3-81 所示。

图 3-81　图文成片生成的视频

（6）播放视频，图文成片生成的视频画面效果如图 3-82 所示。

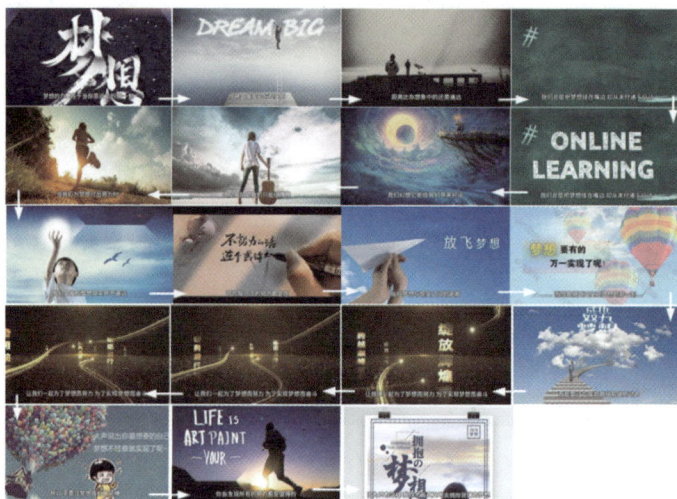

图 3-82　图文成片生成的视频画面效果

3.4.7　案例引导——营销成片

"营销成片"功能利用 AI 技术批量生成带货短视频，为电商主播提供高效的视频创作解决方案。本节将通过具体案例，详细讲解该功能的使用方法和操作技巧。

【操作步骤提示】

（1）启动剪映专业版，在首页界面点击"营销成片"按钮进入功能页面。单击"导入视频"按钮后，系统将弹出"授权允许"对话框，提示用户需对上传素材的合法性及生成内容负责，如图 3-83 所示。

图 3-83　"授权允许"对话框

（2）单击 确认授权 按钮，然后在"添加素材"选项中导入相关视频素材。本案例选择"勤劳.mp4""勤劳 01.mp4""菊花.mp4"和"菊花 01.mp4"4 个素材。随后在产品信息区域填写产品名称、卖点、适用人群、优惠活动等内容，并设置视频尺寸和时长。用户可选择手动输入文案或使用智能生成功能，生成的文案将显示在右侧列表中，具体操作界面如图 3-84 所示。

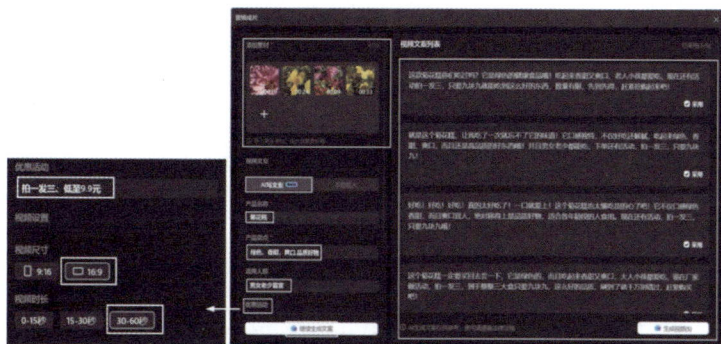

图 3-84　添加素材、书写文案与设置视频要求

（3）从右侧文案列表中选择合适内容，勾选"采用"选项后单击 生成视频(1) 按钮。剪映专业版将根据设置自动生成视频，如图 3-85 所示。

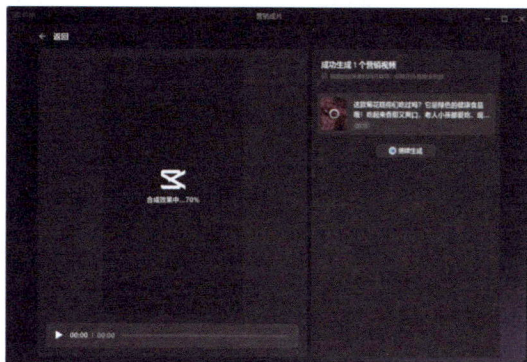

图 3-85　正在生成视频

（4）首个视频生成完成后，用户可继续生成多个素材视频（单击 【●继续生成】 按钮）。所有生成视频将在左侧播放窗口展示，图3-86展示了3个不同效果的带货短视频。

图3-86　生成的3个带货短视频

（5）单击 【导出】 按钮将生成的短视频导出并发布。

3.4.8　案例引导——一起拍

"一起拍"功能允许用户邀请好友一起观看某视频，这一节我们继续通过具体案例学习"一起拍"功能的使用方法和技巧。

【操作步骤提示】

（1）启动剪映电脑专业版，在"首页"选项单击"一起拍"按钮，进入"一起拍"界面，如图3-87所示。

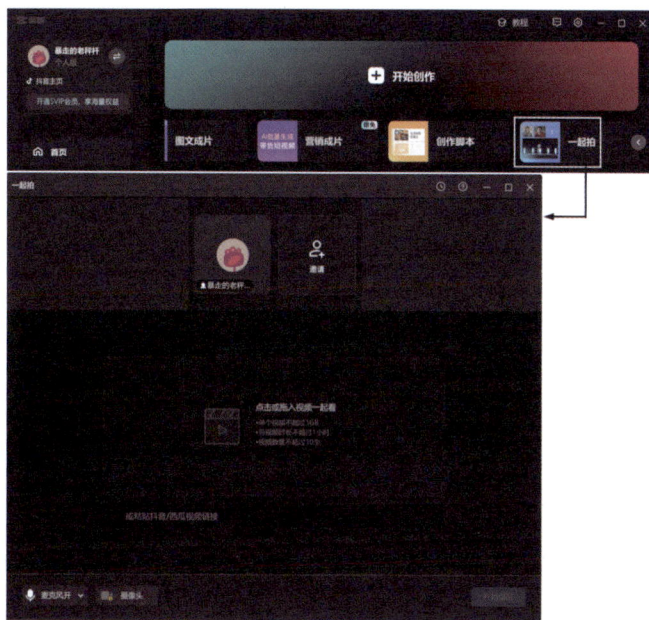

图 3-87 "一起拍"界面

（2）单击 "邀请"按钮，打开"邀请一起拍成员"对话框，单击 复制口令 按钮复制口令，然后将复制的口令分享给邀请的朋友，如图 3-88 所示。

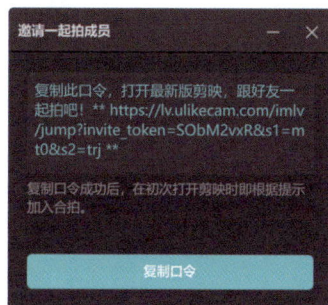

图 3-88 "邀请一起拍成员"对话框

（3）此时在"邀请"位置会显示朋友的头像，单击下方的 按钮选择一段视频，例如我们选择"菊花 .mp4"的视频素材，剪映开始上传，如图 3-89 所示。

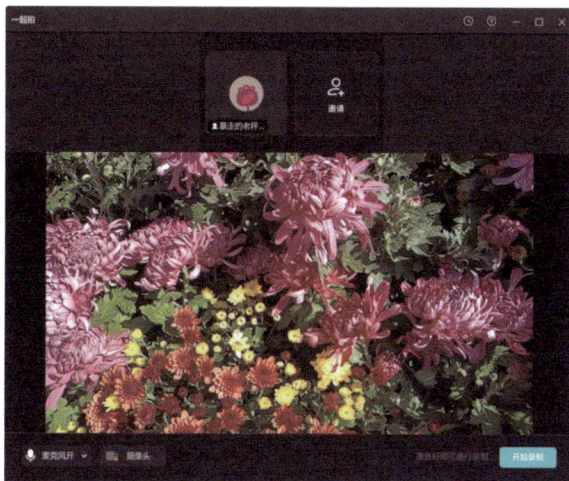

图 3-89 上传视频

（4）上传结束后单击 开始录制 按钮开始录制，例如录制你和朋友给视频重新配音等，录制结束后单击 结束录制 按钮，剪映电脑专业版弹出询问对话框，询问用户是否结束录制，如图 3-90 所示。

图 3-90　询问对话框

（5）单击 确定 按钮，剪映开始生成 2 个或多个素材（邀请几个人就会生成几个素材），如图 3-91 所示。

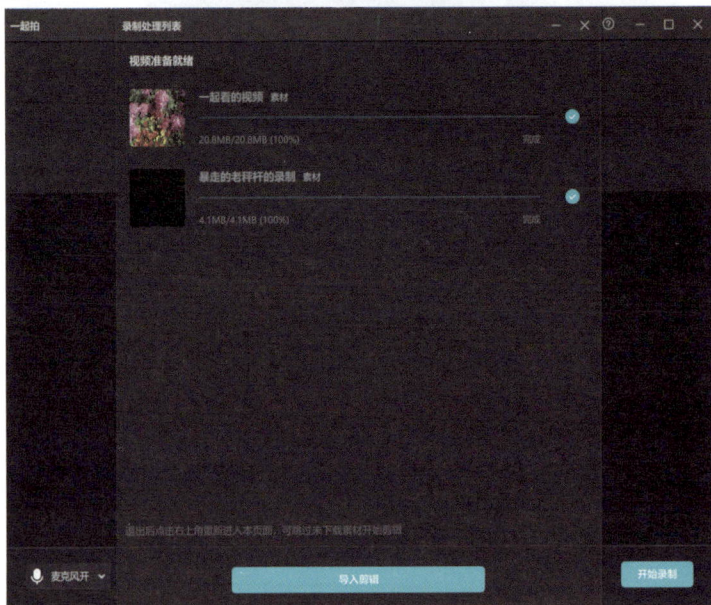

图 3-91　准备视频

（6）视频准备完成后单击下方的 导入剪辑 按钮进入视频排版界面，用户可以在"布局"选项设置视频的布局，在"比例"选项选择视频的比例，如图 3-92 所示。

图 3-92　选择视频的布局与比例

（7）一切设置完毕后单击 [确定] 按钮进入剪映编辑界面，用户可以对视频进行编辑，如图 3-93 所示。

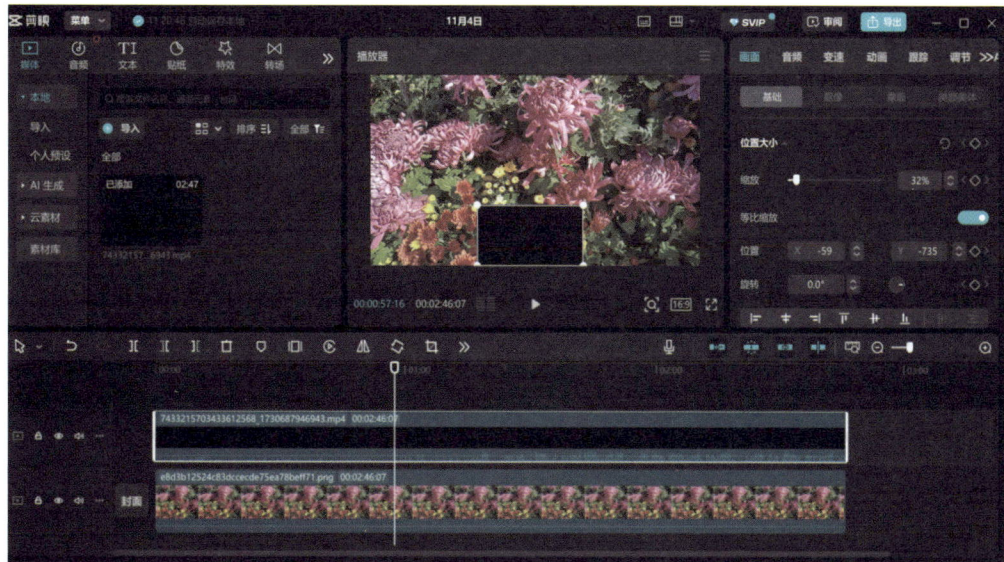

图 3-93　剪映编辑界面

小贴士

副轨道上的素材是作者自己的当前头像视频，由于作者没有摄像头，因此显示黑色。另外，当成功邀请朋友后，朋友的头像素材也会加载到副轨道，可以根据布局重新进行调整，最后将视频导出即可。

3.4.9　练习——制作"雪景"旅行碎片短视频

旅行拍照已经成为现代人生活中不可缺少的一项活动。这一节我们就来利用剪映电脑专业版中的 AI 功能对旅游中拍摄的一些零碎照片进行美化处理，并将其制作成名为"雪景"的旅行碎片短视频，由于篇幅所限，详细操作过程请读者观看视频讲解文件。

【操作步骤提示】

（1）启动剪映电脑专业版，新建草稿，导入"秘境.jpg""雪景.jpg""雪景01.jpg""雪景02.jpg""雪景03.jpg"和"雪山.jpg"素材并将其添加到主轨道，然后调整素材的时长为 2s，效果如图 3-94 所示。

图 3-94　素材原图效果

（2）设置场景比例为 16∶9，利用"画面">"基础">"AI 扩展"功能分别对这 6 个素材进行扩展，使其画面与场景比例匹配。

（3）使用"画面">"基础">"AI 消除"功能将"雪景01.jpg"和"雪景03.jpg"画面中的人物消除掉。

（4）为"秘境.jpg"素材添加"雪花光斑"的特效，为"雪山.jpg""雪景.jpg""雪景01.jpg"添加"大雪纷飞"的特效，为"雪景02.jpg"添加"蒸汽腾腾"的特效，为"雪景03.jpg"添加"飘雪"的特效，然后为"雪山.jpg""雪景.jpg""雪景01.jpg""雪景02.jpg""雪景03.jpg"统一添加"晴天光线"的特效。

（5）继续为素材添加"拍照"的声效和"雪景"的背景音乐，完成该"雪景"旅行碎片短视频效果的制作，效果如图3-95所示。

图3-95 "雪景"旅行碎片短视频效果

04

第4章
人物美颜与美体

本章导读

    人物是视频的核心元素之一，本章将详细讲解剪映专业版中人物美颜与美体的强大功能。从面部美颜到身体塑形，通过具体案例操作，读者将学会如何运用各种工具，对人物形象进行全方位优化，使人物在视频中展现出最佳状态，提升视频的整体吸引力与观赏性。

▶ 本章学习内容

· 人物美颜
· 人物美型
· 人物美妆
· 人物美体

4.1 人物美颜

剪映专业版提供的美颜功能，其效果包括面部肤色匀肤、去除皱纹、丰盈脸庞、光滑面部皮肤、明亮眼睛、去除黑眼圈、美白肤色与牙齿等，这些功能可以瞬间让人物改头换面、容光焕发。

新建草稿，导入素材到主轨道，在右侧的属性面板进入"画面">"美颜美体"选项，勾选"美颜"选项，在其下有许多美颜的选项与设置，首先在列表中选择处理模式，当画面中只有一个人物时选择"单人"模式，然后根据具体情况设置各选项参数，对画面人物进行美颜处理，如图4-1所示。

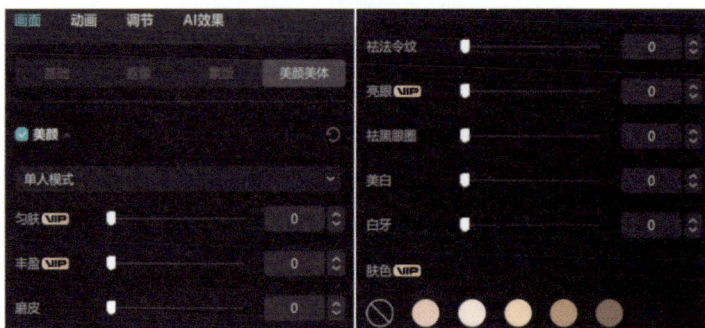

图4-1 "美颜"选项设置

在本节中，我们将通过具体案例操作，深入学习视频剪辑中人物美颜的相关知识与技巧。

4.1.1 案例引导——匀肤、丰盈与磨皮

"匀肤""丰盈"与"磨皮"这3个功能主要针对画面中人物面部皮肤进行处理，使画面人物面部肤色更均匀、更丰满、皮肤更光滑。

1. 匀肤

此功能能够实现对画面中人物面部皮肤的均匀涂抹，有效减轻面部的暗沉和色斑问题，让画面中的人物看起来更加容光焕发、肤色均匀。其效果强度的取值范围为0~100。

【操作步骤提示】

（1）导入"青涩女孩01.jpg"图片并将其添加到主轨道，女孩脸部有暗沉和色斑。

（2）选择女孩素材，在"美颜"选项下向右拖动"匀肤"滑块设置其参数为100，对女孩皮肤进行匀肤处理，此时女孩面部看起来干净、光洁了许多，效果如图4-2所示。

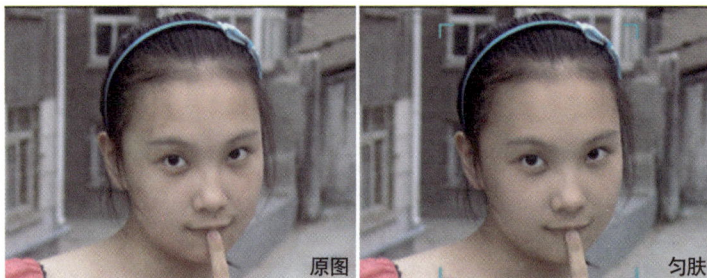

图4-2 "匀肤"效果

2. 丰盈

该功能可以使画面人物的面部更丰满，皮肤看起来更紧致、光滑，从而有效地消除脸部的细小皱纹，其取值范围为0~100。

【操作步骤提示】

（1）导入"女士.jpg"图片并将其添加到主轨道，该女士脸型较消瘦，面部有许多细小皱纹、色斑和暗沉，人看起来有些憔悴。

（2）选择女士素材，首先在"美颜"选项中拖动"匀肤"滑块，将参数调整至65，对女士面部皮

肤进行匀肤处理，以消除面部的色斑和暗沉，使女士的面部皮肤看起来更洁净、柔嫩。

（3）调整"丰盈"滑块至100，以增强女士面部的饱满度，从而消除面部细小的皱纹，彻底消除了憔悴感。如此一来，整个人看起来更加精神焕发，容光焕发，效果如图4-3所示。

图 4-3　"丰盈"效果

3. 磨皮

此功能与"匀肤"功能颇为相似，通过对面部皮肤进行柔焦处理，以减轻和消除皮肤上的细纹和痘痘等问题，让皮肤看起来更加平滑。取值范围：0~100。值得注意的是，过度的磨皮处理可能会导致图像变得不清晰。

【操作步骤提示】

（1）首先导入"男士头像.jpg"图片，并将其置入主轨道中。观察到该男士的面部布满了细小的皱纹、痘痘以及色斑，这些特征让他看起来十分疲惫和苍老。

（2）接着选取男士素材，进入"美颜"功能区，将"匀肤"滑块调整至65，以此减轻男士面部的色斑和暗沉现象，让皮肤看起来更加清爽。

（3）继续操作，将"磨皮"滑块也调整至65，对细小的皱纹和痘痘进行适度的模糊处理，从而让皮肤表面显得更加平滑、紧致。经过这样的调整，男士的面容显得更加年轻、充满活力，具体效果可参见图4-4。

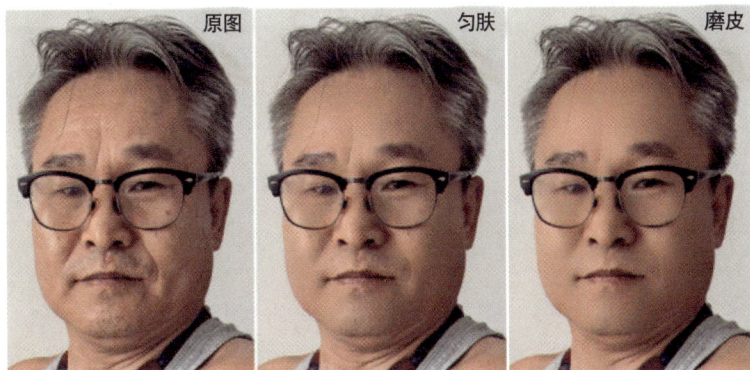
图 4-4　"磨皮"效果

4.1.2　案例引导——祛法令纹、亮眼与祛黑眼圈

"祛法令纹""提亮眼睛""祛黑眼圈"这3个功能能够有效地移除画面人物面部的法令纹、提亮眼睛，消除黑眼圈。在本节中，我们将通过具体的案例操作来进一步学习这些相关知识。

1. 祛法令纹

"祛法令纹"功能可以去除画面人物面部的法令纹，使画面人物面部皮肤更光洁、更紧致，人看起来更年轻，其取值范围为0~100。需要注意的是，调整法令纹时以适度为宜，太过很容易将人物脸调整成"硅胶脸"。

【操作步骤提示】

（1）导入"女士01.jpg"图片并将其添加到主轨道，该女士面部法令纹较深，同时面部皮肤看起来有些粗糙，人看起来疲惫和苍老。

（2）选择女士素材，首先在"美颜"选项拖动"匀肤"和"丰盈"滑块，设置其参数均为100，使女士面部皮肤看起来更光滑和紧致。

（3）继续拖动"祛法令纹"滑块，设置其参数为100，去除女士面部的法令纹，使女士看起来更年轻和靓丽，效果如图4-5所示。

图4-5 "祛法令纹"效果

2. 亮眼与祛黑眼圈

"亮眼"功能可以使画面人物拥有一双更明亮的眼睛，从而给人心灵纯净、精神焕发的感觉，其取值范围为0~100。而"祛黑眼圈"功能可以有效去除画面人物的黑眼圈，从而使画面人物看起来更精神，更容光焕发，其取值范围也为0~100。

【操作步骤提示】

（1）导入"青涩女孩04.jpg"图片并将其添加到主轨道，该画面中女孩面部皮肤光洁、紧致、红润，但是眼睛不够明亮，同时也有黑眼圈。

（2）选择女孩素材，在"美颜"选项下拖动"亮眼"滑块，设置其参数为100，使女孩的眼睛更加明亮。

（3）继续在"美颜"选项下拖动"祛黑眼圈"滑块，设置其参数为100，去除画面中女孩的黑眼圈，此时女孩看起来更有活力，效果如图4-6所示。

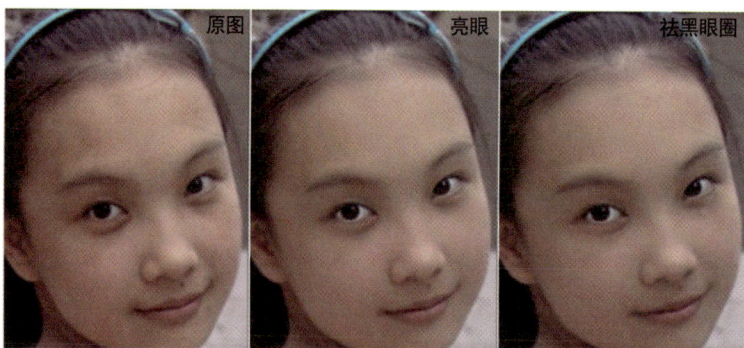

图4-6 "亮眼"效果

4.1.3 案例引导——美白肌肤、洁白牙齿与调整肤色

"美白"功能可以使画面人物的皮肤更加白皙，"白牙"功能可以使画面人物牙齿更洁白，而"肤色"功能则可以很方便地为画面人物调整肤色。

1. 美白

"美白"功能可以使画面人物拥有白皙、娇嫩的皮肤，其取值范围为0~100。

【操作步骤提示】

（1）新建草稿，导入"青涩女孩02.jpg"图片并将其添加到主轨道，该女孩五官比较精致，但皮肤有些黝黑和粗糙。

（2）首先在"美颜"选项分别设置"匀肤""磨皮""亮眼"以及"祛黑眼圈"的值均为60，对女孩面部进行基本处理，使其拥有精致的五官、明亮的眼神和光滑、娇嫩的皮肤。

（3）继续调整"美白"参数为 70，使女孩的皮肤更加白皙，效果如图 4-7 所示。

图 4-7　"美白"效果

2. 白牙

"白牙"功能可以对画面人物的牙齿进行处理，使画面人物拥有一口洁白的牙齿，其取值范围为 0~100。

【操作步骤提示】

（1）新建草稿，导入"女孩 F.jpg"图片并将其添加到主轨道，该女孩不仅皮肤有些黝黑、粗糙，牙齿也不够洁白。

（2）首先在"美颜"选项中分别设置"匀肤""亮眼""祛黑眼圈""美白"参数均为 60，设置"磨皮"参数为 50，对女孩面部进行基本的美颜处理，使其皮肤更娇嫩、白皙。

（3）继续调整"白牙"参数为 80，对女孩的牙齿进行处理，使其牙齿更洁白，效果如图 4-8 所示。

图 4-8　"白牙"效果

3. 肤色

在"肤色"选项下单击代表肤色的颜色，然后设置相关参数，可以很方便地将画面人物的肤色调整为粉白、冷白、暖白、小麦色和美黑色，尽显画面人物各种肤色的风采，如图 4-9 所示。

【操作步骤提示】

（1）新建草稿，导入"女孩 C.jpg"图片并将其添加到主轨道，该女孩五官比较精致，但皮肤黝黑、粗糙，牙齿也微黄。

（2）首先在"美颜"选项分别设置"匀肤""亮眼""祛黑眼圈""美白"参数均为 70，设置"白牙"参数值为 50，对女孩进行基本的美颜处理，如图 4-10 所示。

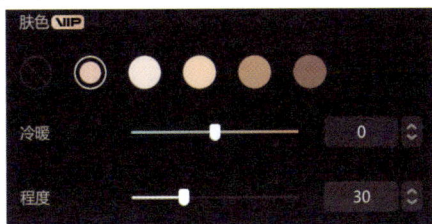

图 4-9　设置肤色

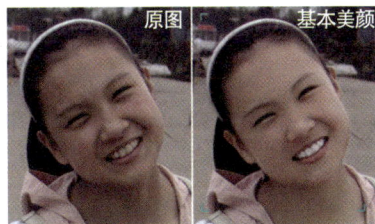

图 4-10　基本美颜效果

（3）继续在"肤色"选项下分别单击代表肤色的各颜色，为画面人物选择一种肤色，然后调整"冷暖"和"程度"值，调整出画面人物的不同肤色，效果如图 4-11 所示。

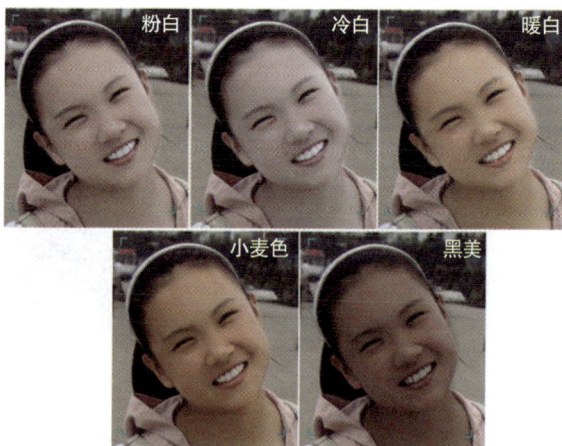

图 4-11　5种不同的肤色

4.1.4　练习——"致青春"电子相册短视频剪辑

青春对每个人而言都是珍贵且值得追忆的时光，然而它转瞬即逝，唯有影像能够将其永久保存。在本节中，我们将通过一系列精选的女孩照片，制作一个名为"致青春"的电子相册短视频，以此定格女孩的美丽青春瞬间。鉴于篇幅限制，具体的操作步骤请参阅视频讲解。

"留住青春"电子相册短视频剪辑效果如图 4-12 所示。

图 4-12　"致青春"电子相册短视频剪辑

【操作步骤提示】

（1）新建草稿，导入"海边漫步 .mp4"视频素材并将其添加到主轨道作为背景。

（2）继续导入"青涩女孩 .jpg"的序列文件到副轨道，调整每张照片显示时长为3s，然后使用"智能抠像"功能分别对照片抠像，去除照片的背景。

（3）启用"美颜"功能，分别对抠像后的女孩图像进行美颜，使女孩更青春、靓丽。

（4）结合关键帧功能分别调整各照片的位置大小和不透明度，制作照片的转场效果，最后分别为各照片添加特效。

（5）在音乐库中选择合适的背景音乐并制作视频封面，完成"致青春"电子相册短视频的剪辑，最后导出视频。

4.2　人物美型

与"美颜"不同，"美型"主要是对视频人物的面部、眼部、鼻子、嘴巴、眉毛这些部位进行修饰，使其更具美感。这一节我们继续通过具体案例操作，学习视频剪辑中人物美型的相关知识与技巧。

4.2.1　案例引导——面部美型

面部美型主要是针对画面人物面部进行全方位修饰,包括脸型大小、宽窄、胖瘦、三庭长短、发际线、下颌骨、颧骨的高低等进行美型处理。

新建草稿,导入素材并将其添加到轨道,在"美颜美体"选项中勾选"美型"选项,单击 面部 按钮,即可显示该功能的各选项与设置,如图4-13所示。

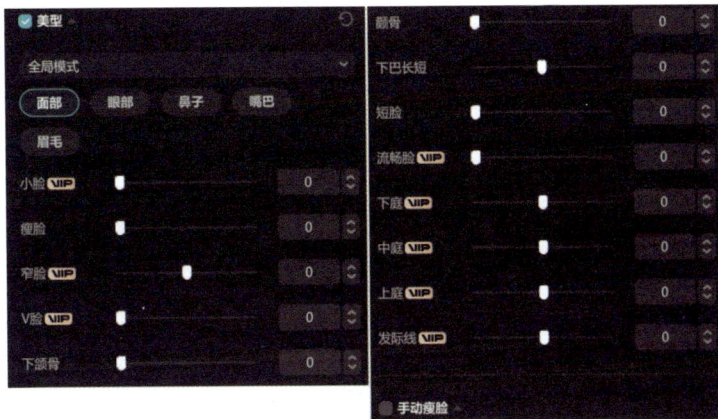

图 4-13　"面部"美型的各选项设置

下面继续通过具体案例操作,学习面部美型的相关知识。

【操作步骤提示】

1. 小脸

"小脸"功能可以轻松将画面人物的脸型缩小,使其拥有更小巧、精致的脸型,其取值范围为0~100,可以根据具体需要设置参数。下面我们继续通过具体案例操作学习相关知识。

(1)新建草稿,导入"小女孩.jpg"图片并将其添加到主轨道,首先依照4.1节中的相关操作,对女孩进行美颜处理。

(2)继续在"美型"选项单击 面部 按钮进入其选项设置,拖动"小脸"滑块设置其参数为80,将女孩的脸调整得更小一些,效果如图4-14所示。

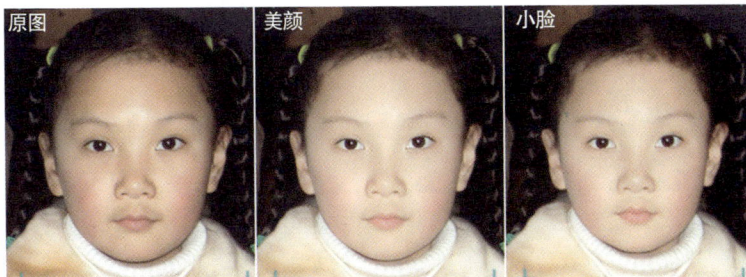

图 4-14　美颜与小脸效果

2. 瘦脸、窄脸和 V 脸

"瘦脸"功能可以轻松使画面中那些"婴儿肥"的脸瘦下来,其取值范围为0~100,值越大瘦脸效果越明显;"窄脸"功能可以调整画面人物脸的宽窄,其取值范围为-50~50,正值脸变窄,负值脸变宽;"V脸"功能则可以调整出深受年轻人喜欢的V形脸,其取值范围为0~100,值越大效果越明显。

下面我们继续上一节的案例操作,对女孩画面进行"瘦脸""窄脸"和"V脸"处理。

(1)继续拖动"瘦脸"滑块,设置其参数为80,将画面中女孩的"婴儿肥"脸调整得更瘦一些,如图4-15所示。

(2)继续拖动"窄脸"滑块,设置其参数为40,将女孩的脸调整得更窄一些,使其脸型更加小巧精致,效果如图4-16所示。

（3）再次拖动"V脸"滑块，设置其参数为 80，将女孩的脸调整成 V 形脸，效果如图 4-17 所示。

图 4-15　瘦脸　　　　　图 4-16　窄脸　　　　　图 4-17　V 形脸

（4）此时画面中的女孩简直就像换了一个人，比原来更漂亮、可爱了，效果对比如图 4-18 所示。

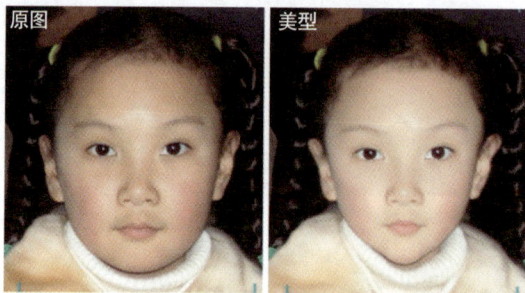

图 4-18　女孩美颜美型效果比较

3. 下颌骨和颧骨

"下颌骨"和"颧骨"这两个功能可以对画面人物的下颌骨和颧骨进行缩小，其取值范围均为 0~100，这可以使那些因为下颌骨与颧骨比较高大而影响脸型的人，在画面中脸型显得俊俏、精致。

（1）新建草稿，导入"女士 03.jpg"图片并将其添加到主轨道。

（2）首先依照前面的相关操作，在"美型"选项进入"面部"选项设置，设置"小脸"和"瘦脸"参数均为 80，设置"窄脸"参数为 40，对女士进行基础美型处理，效果如图 4-19 所示。

图 4-19　人物基础美型处理

（3）继续设置"下颌骨"参数为 80，将女士的下颌骨缩小，再设置"颧骨"的参数也为 80，将女士的颧骨也缩小，最后设置"V脸"参数为 80，调整其为 V 形脸，效果如图 4-20 所示。

图 4-20　调整下颌骨、颧骨与 V 脸

（4）这样一来，画面中的女士脸型比原来更精致、更漂亮了，效果如图 4-21 所示。

图 4-21　女士面部美型效果比较

4. 下巴长短、短脸、流畅脸、三庭与发际线

"下巴长短"功能可以调整画面人物的下巴长短，其取值范围为 -50~50，正值下巴更短，负值下巴更长；"短脸"功能则可以将画面人物的脸调整得更短一些，取值范围也是 0~100，值越大脸越短；"流畅脸"功能则可以使画面人物的脸更加流畅，取值范围为 0~100；而"三庭"则分别指"下庭（鼻子底部到下巴）""中庭（眉毛到下巴底部）"以及"上庭（眉毛到发际线）"之间的距离，其取值范围均为 0~100，通过调整参数，可以对这些距离进行微调，使画面中的人物脸型看起来更加和谐，更加俊美。

（1）新建草稿，导入"女士 04.jpg"图片并将其添加到主轨道。

（2）首先依照前面的相关操作方法，在"美型"选项进入"面部"选项设置，设置"小脸""瘦脸"和"颧骨"参数均为 80，设置"窄脸"参数为 40，对女士进行基础美型处理，效果如图 4-22 所示。

图 4-22　女士面部基础美型处理

（3）继续调整"下巴长度"参数至 40，以缩短女士的下巴；将"短脸"与"流畅脸"参数均设定为 80，进一步缩短并使女士的脸型看起来更加柔和，效果如图 4-23 所示。

图 4-23　下巴长短、短脸与流畅脸

（4）继续将"下庭"值设定为 -40，以使女士的下庭显得更修长；同时将"中庭"、"上庭"以及"发际线"的参数均调整为 40，以缩短上庭、中庭和发际线的长度。调整后的效果如图 4-24 所示。

图 4-24　调整上庭、中庭、下庭和发际线

如此一来，女士的面容显得更加精致，美感倍增，效果如图 4-25 所示。

图 4-25　女士面部美型效果比较

4.2.2　案例引导——手动瘦脸

"手动瘦脸"功能可以使用户对视频人物的脸型进行处理，下面继续通过具体案例操作，学习"手动瘦脸"功能的具体操作方法和技巧。

【操作步骤提示】

（1）新建草稿，导入"女士 05.jpg"图片并将其添加到主轨道。

（2）在"美颜美体"选项勾选"手动瘦脸"选项，并激活 📎 "画笔"按钮，此时画面人物脸部出现椭圆形线框，如图 4-26 所示。

图 4-26　启动"手动瘦脸"功能

（3）调整"大小"值以设置画笔大小，调整"强度"值以设置处理的强度，单击"五官保护"右侧的 按钮使其变为 按钮以保护五官，然后在人物脸部拖曳，手动对脸部进行瘦脸处理，效果如图 4-27 所示。

图 4-27　手动瘦脸效果

4.2.3　案例引导——眼部美型

常言道，眼睛是心灵的窗户，它们不仅是人体的重要器官，其外观也极大地影响着一个人的外貌。"眼部"美型功能能够对画面中人物的眼睛进行美化调整，包括大眼、眼距、开眼角、眼高低以及眼倾斜等。

新建草稿、导入素材并将其添加到轨道，在"美型"选项单击 眼部 按钮，即可显示该功能的各选项与设置，如图 4-28 所示。

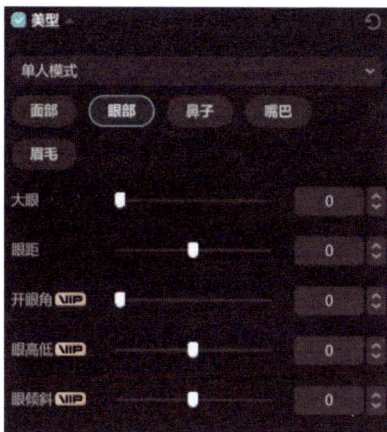

图 4-28　"眼部"美型的选项与设置

下面继续通过具体案例操作，学习眼部美型的相关知识。

【操作步骤提示】

1. 大眼

在普遍的审美观念中，大眼睛被视为一种美的标准。"大眼"功能就可以将画面人物的眼睛调整得更大，使画面人物看起来更漂亮，其取值范围为 0~100。

（1）新建草稿并导入"青涩女孩 05.jpg"图片素材并将其添加到主轨道，然后利用 4.1 节所学美颜知识对女孩进行美颜。

（2）继续在"美型"选项单击 眼部 按钮进入其选项，拖动"大眼"滑块设置其参数为 80，将女孩的眼睛调整得更大一些，效果如图 4-29 所示。

图 4-29　原图、美颜与大眼效果比较

眼距指的是两眼之间的间距。通常，一个人的眼距与单眼的宽度相匹配，但某些人由于面部比例失衡，可能会出现眼距过宽或过窄的情况，这会对他们的外貌产生影响。"眼距"功能允许用户调整图像中人物的眼距，其调整范围为 -50~50。正值会减小眼距，而负值则会增大眼距。此外，开眼角是一种美容手术，旨在通过拉伸内眼角来扩大眼睛的开度，从而让眼睛显得更大、更有神采。开眼角手术的调整范围是 0~100。

2. 眼距与开眼角

（1）继续拖动"眼距"滑块，设置其参数为 50，可将其眼距调得更窄一些，设置其参数为 -50，可将其眼距调得更宽一些。

（2）继续拖动"开眼角"滑块，设置其参数为 80，对女孩开眼角，效果如图 4-30 所示。

图 4-30　调整眼距与开眼角

3. 眼高低与眼倾斜

在正常情况下，人的眼睛位于头部高度的水平中心线上，呈水平状态，这使得面部看起来更加和蔼、美观，也更加符合审美标准。然而，如果一个人的眼睛位置过高或过低，或者眼睛呈现倾斜状态，都可能对美观产生负面影响。在这种情况下，可以通过"眼高低"和"眼倾斜"两个调整功能来改善。其中，"眼高低"功能的调整范围是 –50~50，而"眼倾斜"功能的调整范围是 –100~100。

（1）继续拖动"眼高低"滑块设置其参数为 –40，将女孩的眼睛调低一些，设置其参数为 40，将女孩的眼睛调高一些。

（2）继续拖动"眼倾斜"滑块设置其参数为 –80，调整女孩的眼睛向下倾斜，设置其参数为 80，调整女孩的眼睛向上倾斜，效果如图 4–31 所示。

图 4-31　调整眼睛高低与倾斜效果

4.2.4　案例引导——鼻子美型

鼻子作为面部五官之一，其外观对一个人的整体容貌有着显著影响。"鼻子"美型功能允许用户对画面中人物的鼻子进行细致调整，以增强美观度。功能涵盖立体鼻、小翘鼻、驼峰鼻、瘦鼻以及鼻梁高度的调整。用户可以根据需要调整鼻子的高度、大小以及山根的宽度，各项参数设置范围为 –50~50 或者 0~100。本节将通过实际案例操作，进一步学习如何运用这些工具。

【操作步骤提示】

（1）新建草稿，导入"小女孩 .jpg"图片并将其添加到主轨道，首先利用 4.1 节所学知识对女孩图片进行美颜处理，然后在"美型"选项单击 鼻子 按钮进入其选项面板，如图 4–32 所示。

图 4-32　"鼻子"美型选项设置

（2）拖动"立体鼻"滑块，设置其参数为 90，将女孩的鼻子调整得更立体；拖动"小翘鼻"滑块，设置其参数为 90，将女孩的鼻子调整成小翘鼻；拖动"驼峰鼻"滑块，设置其参数为 90，将女孩的鼻子调整成驼峰效果，如图 4-33 所示。

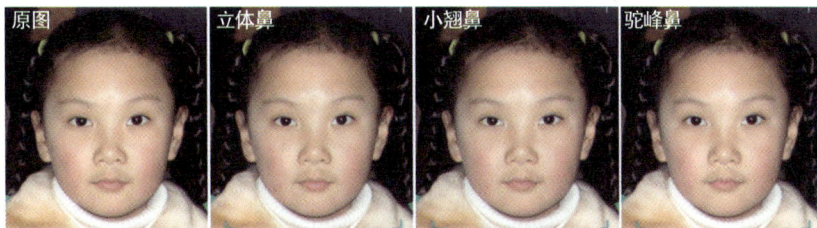

4-33　立体鼻、小翘鼻和驼峰鼻效果比较

（3）拖动"瘦鼻"滑块，设置其参数为 90，将女孩的鼻子调整得更瘦一些；拖动"鼻梁"滑块设置其参数为 –40，将女孩的鼻梁调整得更宽一些，继续设置其参数为 40，将女孩的鼻梁调整得更窄一些，效果如图 4-34 所示。

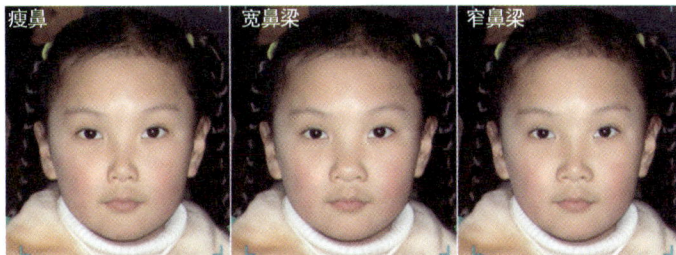

图 4-34　瘦鼻、宽鼻梁和窄鼻梁

（4）继续拖动"鼻高低"滑块，设置其参数为 –40，将女孩的鼻子调整得更低一些，继续设置其参数为 40，将女孩的鼻子调整得更高一些；拖动"山根"滑块，设置其参数为 –40，将女孩的山根调整得更宽一些，继续设置其参数为 40，将女孩的山根调整得更窄一些，效果如图 4-35 所示。

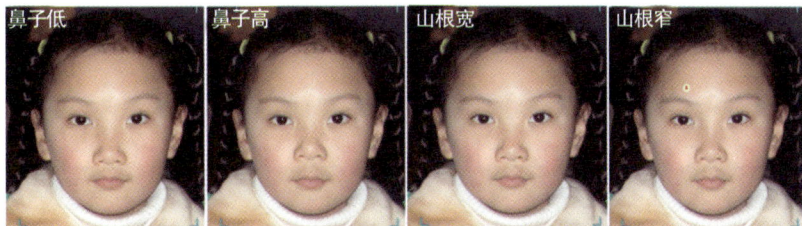

图 4-35　鼻子高、低与山根宽、窄效果

（5）继续拖动"鼻大小"滑块，设置其参数为 –40，将女孩的鼻子调整得更大一些，继续设置其参数为 40，将女孩的鼻子调整得更小一些，效果如图 4-36 所示。

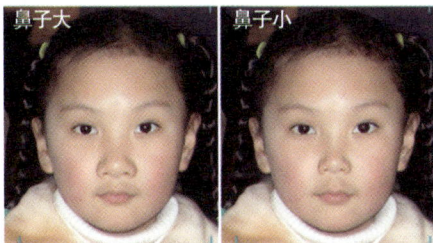

图 4-36　鼻子大小

4.2.5　案例引导——嘴巴美型

面部五官中，嘴巴的美观度同样对一个人的整体容貌产生显著影响。通过"嘴巴"美型功能，我们可以对画面中人物的嘴部特征进行细致调整，以增强其美感。调整内容涵盖嘴大小、嘴高低、笑容、微笑唇以及嘴倾斜等。每个选项的参数范围设定为 –50~50 或者 –100~100，允许用户根据实际需要灵活调

整，以达到理想的画面效果。本节内容将继续通过实际案例操作，深入学习和掌握这些相关知识。

【操作步骤提示】

（1）继续4.2.4节的操作，在"美型"选项单击 嘴巴 按钮进入其选项面板，如图4-37所示。

图4-37 "嘴巴"美型选项设置

（2）拖动"嘴大小"滑块设置其参数为-40，将女孩的嘴调整得更大一些，继续设置其参数为40，将女孩的嘴调整得更小一些；拖动"嘴高低"滑块设置其参数为-40，将女孩的嘴调整得更低一些，继续设置其参数为40，将女孩的嘴调整得更高一些，效果如图4-38所示。

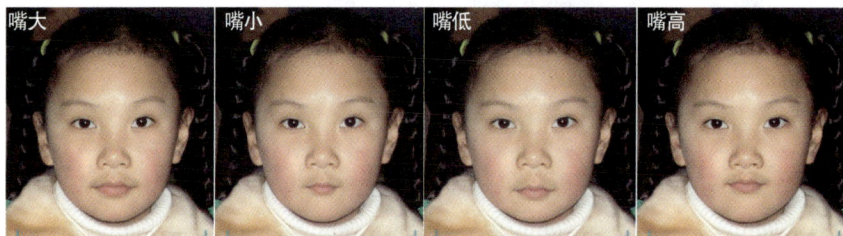

图4-38 嘴大、嘴小、嘴低、嘴高

（3）拖动"笑容"滑块，设置其参数为-80，女孩嘴角下垂，面带哭泣，继续设置其参数为80，女孩嘴角上扬，面带笑容；拖动"微笑唇"滑块设置其参数为-40，女孩嘴角下垂，面带严肃，继续设置其参数为40，女孩嘴角上扬，面带微笑，效果如图4-39所示。

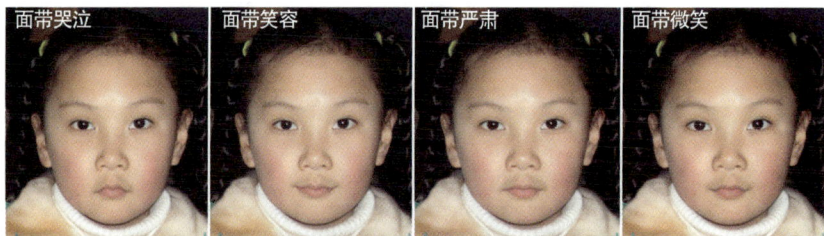

图4-39 笑容与微笑唇效果

小贴士

当画面人物的嘴出现歪斜时，可以通过"嘴歪斜"功能进行调整，其取值范围为-100~100，正值嘴向右歪斜，负值嘴向左歪斜。

4.2.6 案例引导——眉毛美型

眉毛作为面部五官之一，其美观程度同样对一个人的外貌产生显著影响。"眉毛"美型功能允许用户对画面中人物的眉毛进行细致调整，以增强其美观性。调整选项涵盖了流畅眉、柳叶眉、剑眉、眉间距、眉高低、眉峰和眉倾斜等，每个选项的参数范围设定为-50~50或-100~100，以便根据实际情况灵活调整，以达到最佳视觉效果。

【操作步骤提示】

（1）新建草稿，导入"女士.jpg"图片并将其添加到主轨道，首先利用4.1节所学知识对女士图片进行美颜处理，效果如图4-40所示。

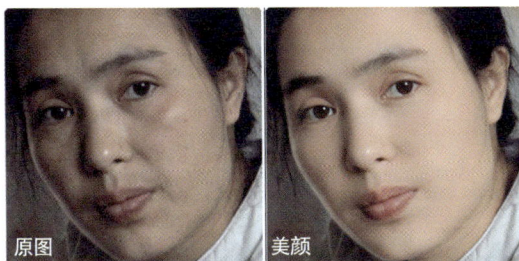

图4-40　女士图片原图与美颜后的效果

（2）勾选"美型"选项并单击 眉毛 按钮进入其选项面板，如图4-41所示。

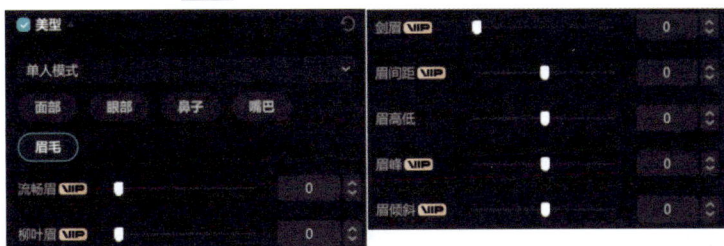

图4-41　"眉毛"美型选项面板

（3）拖动"流畅眉"滑块设置其参数为80，使女士的眉毛更流畅一些；拖动"柳叶眉"滑块设置其参数为80，将女士的眉毛调整为柳叶眉；拖动"剑眉"滑块设置其参数为80，将女士的眉毛调整为剑眉，效果如图4-42所示。

图4-42　流畅眉、柳叶眉与剑眉

（4）拖动"眉间距"滑块设置其参数为-40，将女士的眉间距调整得更宽一些，继续设置其参数为40，将女士的眉间距调整得更窄一些；拖动"眉高低"滑块设置其参数为-40，将女士的眉毛调整得更低一些，继续设置其参数为40，将女士的眉毛调整得更高一些，如图4-43所示。

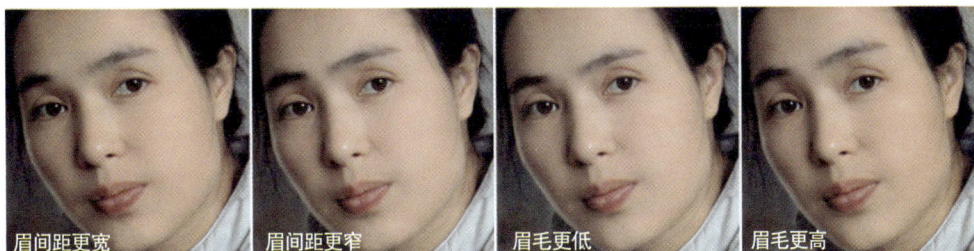

图4-43　调整眉间距与眉毛高低

（5）拖动"眉峰"滑块设置其参数为-40，使女士的眉峰下垂，继续设置其参数为40，使女士的眉峰上扬；拖动"眉倾斜"滑块设置其参数为-40，将女士的眉毛调整为八字眉，继续设置其参数为40，将女士的眉毛调整为倒八字眉，如图4-44所示。

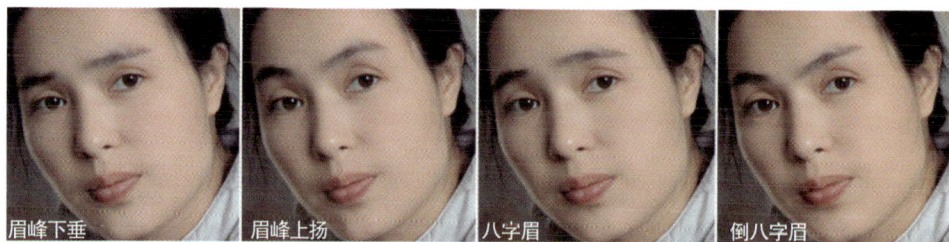

图 4-44　调整眉峰与眉倾斜效果

4.2.7　练习——"美到繁花绚烂时"电子相册短视频剪辑

美型功能能够对画面中人物的脸型和五官进行优化，使其更贴近大众审美。在本节中，我们将运用美型功能对女士的多张照片进行美化，并结合其他视频编辑工具，制作一部名为"美到繁花绚烂时"的电子相册短视频。鉴于篇幅限制，具体的操作步骤请参考视频讲解。

"美到繁华绚烂时"电子相册短视频剪辑效果如图 4-45 所示。

图 4-45　"美到繁华绚丽时"电子相册短视频剪辑

【操作步骤提示】

（1）新建草稿，导入"美妆 04.jpg"至"美妆 08.jpg"图片以及"女士 03.jpg"~"女士 05.jpg"序列素材并将其添加到主轨道，然后分别调整各图片的时长为 2s。

（2）利用"美颜美体"选项中的"美型"功能对照片人物进行面部、眼部、鼻子、嘴巴以及眉毛等进行美化处理，使其更符合大众的审美标准。

（3）结合前面章节所学知识，制作照片的转场效果，最后在"音频"库选择合适的背景音乐，完成该电子相册短视频的剪辑。

4.3　人物美妆与美体

"美妆"与"美体"功能是剪映专业版为画面中的人物面部化妆和身体塑形量身打造的，它们不仅功能强大，而且操作简便。本节将通过具体案例操作，继续深入学习这些美颜美体的相关知识。

4.3.1　案例引导——美妆

美妆功能宛如一位技艺高超的化妆师，能够为画面中的人物面部提供包括套装、口红、腮红、修容、卧蚕、眉毛、睫毛、眼线、眼影、美瞳、高光等在内的全方位完美化妆服务。

【操作步骤提示】

（1）新建草稿，导入"女士 .jpg"图片素材并将其添加到主轨道，首先应用前面所学美颜功能，对女士图片进行"匀肤""磨皮""祛法令纹""亮眼"及"美白"等美颜处理，效果如图 4-46 所示。

（2）在"美颜美体"选项下勾选"美妆"选项进入其选项面板，显示美妆的相关内容，如图 4-47 所示。

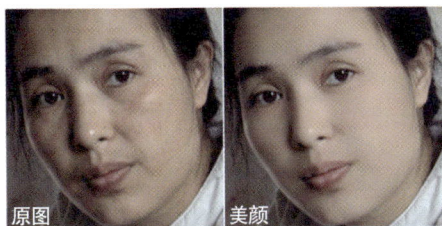

图 4-46　原图与美颜效果　　　　图 4-47　"美妆"功能面板

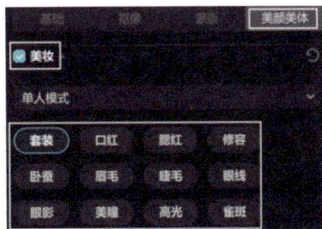

（3）单击 套装 按钮显示套装预览效果，共有 50 多个面部套装方案，如图 4-48 所示。

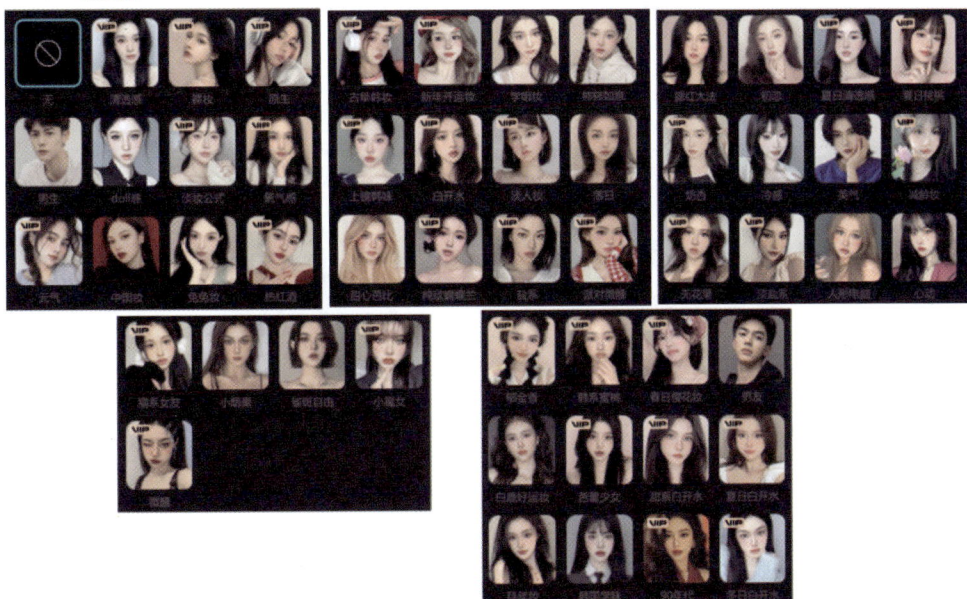

图 4-48　套装预览效果

（4）点击"套装"预览图，即可将选定的面部化妆效果应用至画面中的角色。通过拖动预览图下方的"程度"滑块，您可以调整化妆效果的强度，如图 4-49 所示。

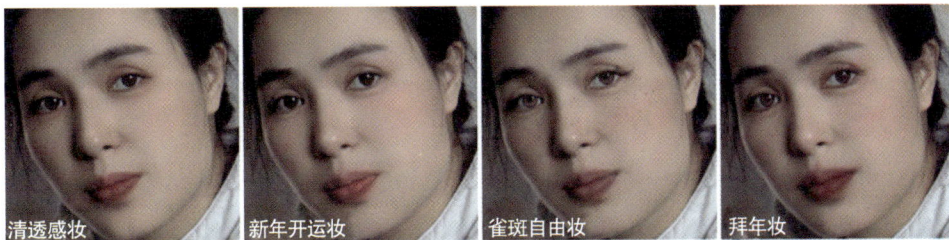

图 4-49　"套装"效果

（5）单击 口红 按钮显示口红色样，共有多达 17 种口红颜色色样，单击各色样预览，即可将口红颜色应用到画面人物，拖动下方的"程度"滑块设置颜色的深浅程度，如图 4-50 所示。

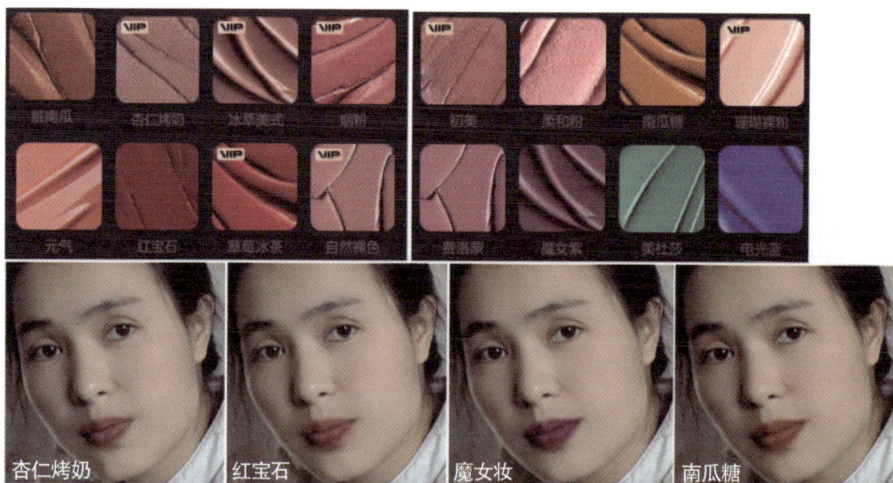

图 4-50　口红色样与效果

（6）单击 腮红 按钮显示不同颜色的腮红色样，共有多达 13 种腮红颜色方案，单击各色样预览图，即可将腮红颜色应用到画面人物，拖动下方的"程度"滑块设置颜色的深浅程度，如图 4-51 所示。

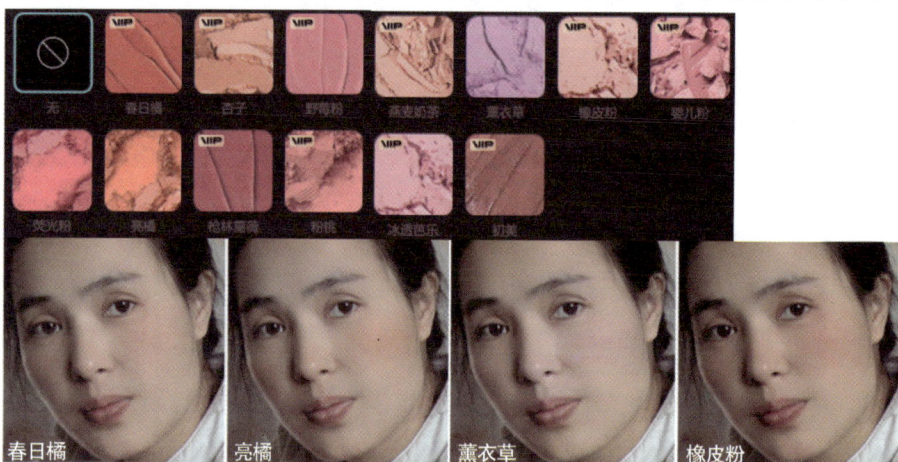

图 4-51　腮红预览与效果

（7）重新导入"小女孩.jpg"图片素材并将其添加到主轨道，首先应用美颜功能对女孩图片进行"匀肤""磨皮""亮眼""美白"等美颜处理。

（8）在"美妆"选项下单击 修容 按钮显示修容预览图，共有 10 种修容方案，单击各修容方案预览图即可将修容方案应用到小女孩面部，拖动下方的"程度"滑块设置修容程度，如图 4-52 所示。

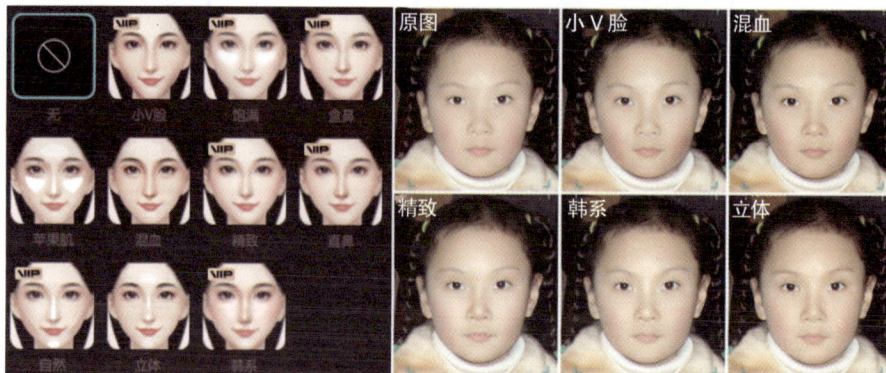

图 4-52　修容预览与效果

（9）单击 卧蚕 按钮显示卧蚕预览图，共有 6 种卧蚕效果，单击各效果预览图即可将卧蚕效果应用到画面人物上，拖动下方的"程度"滑块设置化妆程度，如图 4-53 所示。

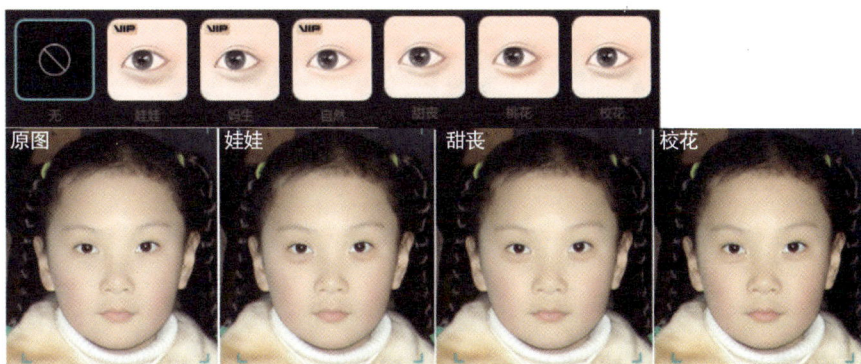

图 4-53　卧蚕预览与效果

（10）单击 眉毛 按钮显示眉毛预览图，共有 6 种眉毛效果，单击各效果预览图即可将眉毛效果应用到画面人物上，拖动下方的"程度"滑块设置化妆程度，如图 4-54 所示。

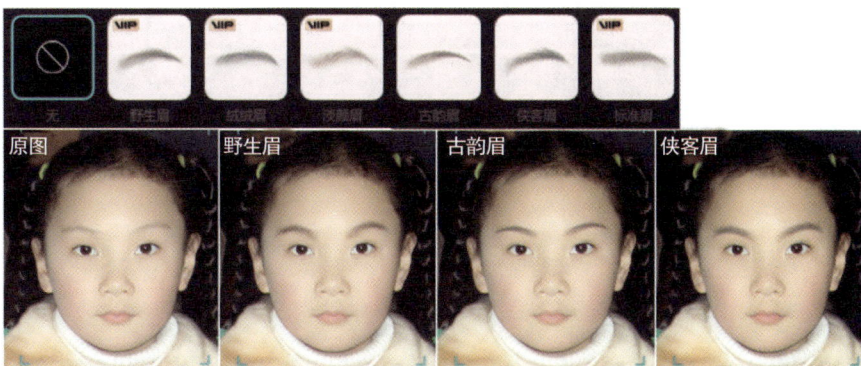

图 4-54　眉毛预览与效果

（11）单击 睫毛 按钮显示睫毛预览图，单击各效果预览图即可将睫毛效果应用到画面人物上，拖动下方的"程度"滑块设置化妆程度，如图 4-55 所示。

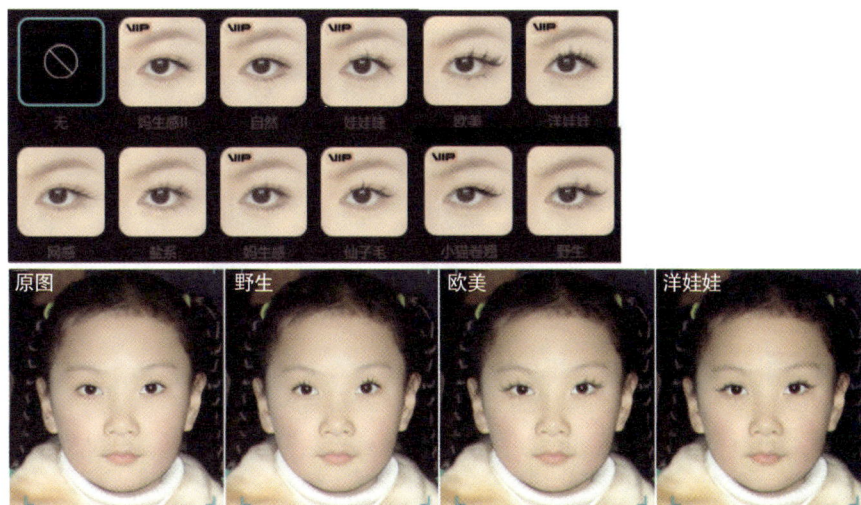

图 4-55　睫毛预览与效果

（12）单击 眼线 按钮显示眼线预览图，共有 6 种眼线效果，单击各效果预览图即可将眼线效果应用到画面人物上，拖动下方的"程度"滑块设置化妆程度，如图 4-56 所示。

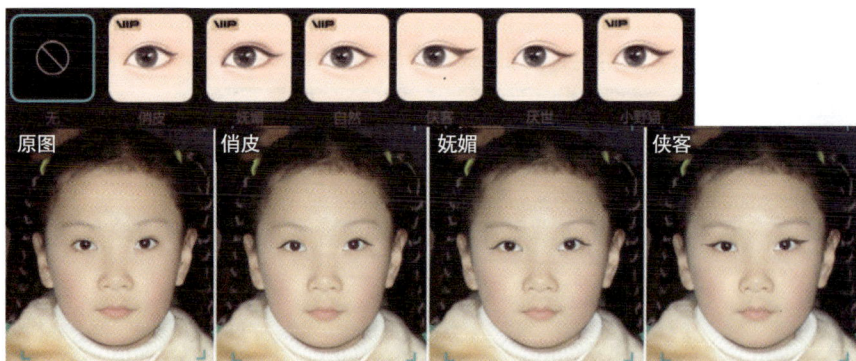

图 4-56　眼线预览与效果

（13）单击 眼影 按钮显示眼影预览图，共有8种眼影效果，单击各效果预览图即可将眼影效果应用到画面人物上，拖动下方的"程度"滑块设置眼影程度，如图4-57所示。

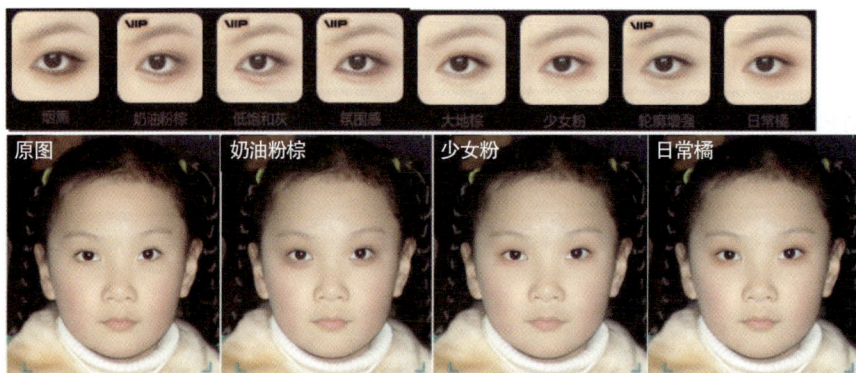

图 4-57　眼影预览与效果

（14）单击 美瞳 按钮显示美瞳预览图，共有6种美瞳效果，单击各效果预览图即可将美瞳效果应用到画面人物上，拖动下方的"程度"滑块设置美瞳程度，如图4-58所示。

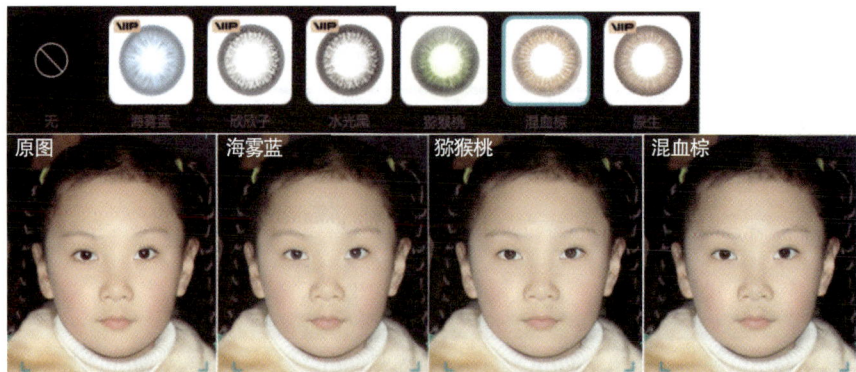

图 4-58　美瞳预览与效果

（15）单击 高光 按钮显示高光预览图，共有6种高光效果，单击各效果预览图即可将高光效果应用到画面人物上，拖动下方的"程度"滑块设置高光程度，如图4-59所示。

（16）单击 雀斑 按钮显示雀斑预览图，共有6种雀斑效果，单击各效果预览图即可将雀斑效果应用到画面人物上，拖动下方的"程度"滑块设置雀斑程度，如图4-60所示。

小贴士

　　当对画面人物应用了美妆效果后，单击各美妆预览效果中的 ⊘ "无"按钮，即可将应用到画面人物上的美妆效果取消。

图 4-59　高光预览与效果

图 4-60　雀斑预览与效果

4.3.2　练习——"小天使诞生记"短视频剪辑

在剪映专业版中,"美妆"功能能够迅速为画面中的人物施加面部妆容,瞬间转变其外观,实现令人惊叹的改头换面效果,仿佛川剧中的"变脸"技艺。本节我们将运用"美颜""美型"和"美妆"功能,对小女孩进行细致的面部化妆处理,创作出"小天使诞生记"的短视频。鉴于篇幅限制,具体的操作步骤请参考视频讲解。

"小天使诞生记"短视频剪辑效果如图 4-61 所示。

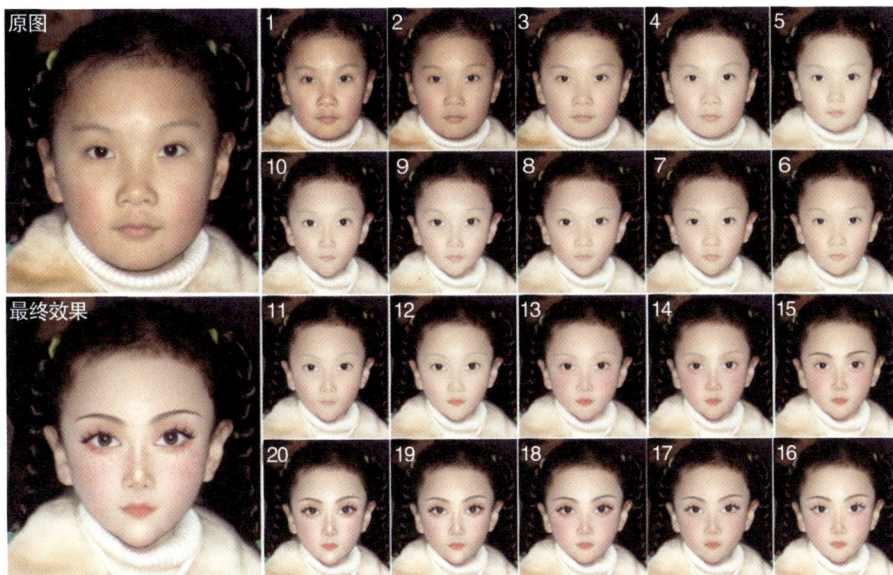

图 4-61　"小天使诞生记"短视频效果

【操作步骤提示】

（1）新建草稿，向主轨道添加"小女孩.jpg"图片素材，调整其长度为15帧，然后将其复制并粘贴在原图片后，首先利用"美颜"功能对复制的小女孩面部进行磨皮以及匀肤处理。

（2）将处理后的图片再次复制并粘贴，继续使用"美颜"功能对画面进行美白处理，再次复制粘贴处理后的图片，利用"美型"功能对画面人物的面部进行处理。

（3）使用相同的方法，复制并粘贴图片，依次利用"美型"功能对画面人物的眼睛、鼻子、嘴巴以及眉毛分别进行处理，并将处理结果一一粘贴，使其形成连续的画面。

（4）继续利用"美妆"的各功能分别对女孩进行相关化妆处理，并将处理的每个结果都复制并粘贴，使其形成一个连续的画面。

（5）最后添加一段合适的背景声音，完成"小天使诞生记"短视频剪辑的制作。

4.3.3 案例引导——美体

"美体"功能宛若一位专业的塑形师，能够对画面中人物的身体各部位进行精细调整，涵盖肩部、颈部、手臂、腿部、腰部、胸部及胯部等，以更贴合大众的审美标准。本节将继续通过实际案例操作，深入学习这些相关知识。

【操作步骤】

（1）新建草稿，导入"青涩女孩014士.jpg"图片素材并将其添加到主轨道，首先利用前面所学背景填充以及智能抠像知识，为图片背景设置一种样式进行抠像，最后利用美颜功能对女孩图片进行美颜处理，效果如图4-62所示。

图4-62 美颜、抠像与背景填充

（2）在"美颜美体"选项勾选"美体"选项进入其选项面板，拖动"直角肩"滑块设置其参数为80，将女孩的肩调整为直角肩；继续向右拖动"宽肩"滑块设置其参数为40，将女孩的肩调整得更宽，向左拖动滑块设置其参数为–40，将女孩的肩调整得更窄，效果如图4-63所示。

图4-63 调整肩

（3）拖动"瘦手臂"滑块设置其参数为80，将女孩的手臂调整得更细；拖动"天鹅颈"滑块设置其参数为80，将女孩的颈部调整得更长；拖动"瘦身"滑块设置其参数为80，将女孩的身体调整得更瘦，效果如图4-64所示。

图4-64 瘦手臂、天鹅颈与瘦身

小贴士

　　除了以上美体效果，还可以对画面人物进行拉长腿部、瘦腰、丰胸、小头、美胯、磨皮以及美白等处理，这些操作都非常简单，由于篇幅所限，在此不再一一讲解，读者可以自己尝试操作。

4.3.4　练习——美女塑形记

　　剪映专业版的"美体"功能能够更精准地对画面中的人物进行塑形，调整其形体以贴合大众审美。接下来，我们将结合之前章节学习的美颜、美型和美妆技巧，运用"美体"功能对"美妆08.jpg"中的模特进行形象优化，以提升其外观和体态的美感。鉴于篇幅限制，具体的操作步骤请参考视频讲解。"美女塑形记"效果如图4-65所示。

图 4-65　"美女塑形记"效果

【操作步骤提示】

　　（1）新建草稿，将"美妆08.jpg"图片素材添加到主轨道，首先使用"美颜"功能对画面人物的面部进行美颜，使原本有些黝黑的面部肌肤更白净。

　　（2）使用"美型"功能对画面人物的五官进行美型处理，使画面人物原本较美观的面部五官更精致一些。

　　（3）运用"美妆"功能对画面中的人物进行重新化妆，以增强其魅力。

　　（4）使用"美体"功能对画面人物形体进行重新塑形，使画面人物原本较丰满的身材显得更苗条。

05

第5章
变速、动画、跟踪
与调色

本章导读

　　为视频增添动态效果和艺术感染力，变速、动画、跟踪与调节不可或缺。本章将深入介绍这些功能在剪映专业版中的应用，通过实际案例引导读者掌握操作技巧，让视频节奏更加灵活、画面更加生动有趣，从而创作出更具吸引力和表现力的视频作品。

▶ **本章学习内容**

- · 变速效果
- · 动画效果
- · 跟踪效果
- · 调色

5.1　变速效果

在视频剪辑过程中，我们能够依据视频画面的故事情节调整播放速度，以此增强画面情节的吸引力，这种技术被称为视频变速。视频变速分为两种类型：常规变速和曲线变速。本节将通过具体案例继续深入学习这些相关知识。

5.1.1　案例引导——常规变速

"常规变速"功能允许用户调整视频播放速度和背景声音的音调。接下来，我们将通过实际案例来学习如何操作视频的常规变速功能。

【操作步骤提示】

（1）新建草稿，导入"游乐园 .mp4"视频素材并将其添加到主轨道，按空格键播放视频，视频以正常的速度进行播放，效果如图 5-1 所示。

图 5-1　视频播放效果

（2）选择视频素材，在右侧属性面板的 变速 选项下单击 常规变速 按钮进入"常规变速"的设置面板，在"倍数"选项下显示视频的播放倍数为 1.0x，在"时长"选项显示视频的时长为 9.5s，如图 5-2 所示。

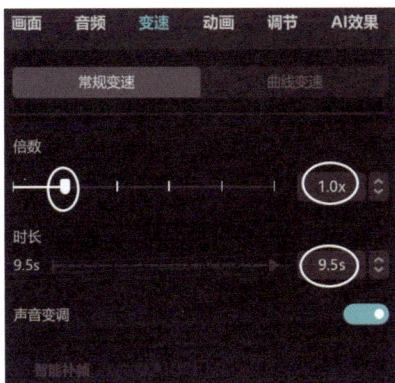

图 5-2　"常规变速"设置面板

（3）向右拖动"倍数"滑块设置其播放倍数为 2.0x，此时在"时长"选项显示视频的时长变成了 4.8s，在"时间线"面板发现视频的长度比原来也短了一半，如图 5-3 所示。

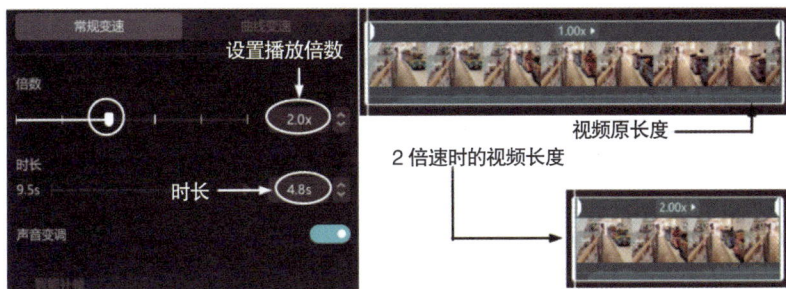

图 5-3　2 倍速时的视频长度比较

（4）按空格键播放视频，发现视频的播放速度明显比原来快了一倍。

（5）向左拖动"倍数"滑块，设置视频的播放倍数为 0.5x，此时在"时长"选项显示视频的时长变成了 19.0s，在"时间线"面板发现视频的长度比原来长了一倍，如图 5-4 所示。

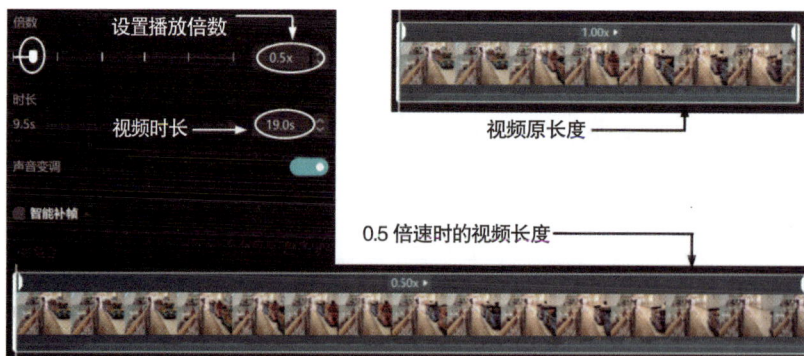

图5-4　0.5倍速时的视频长度比较

（6）按空格键播放视频，发现视频播放速度明显比原来慢了。

> **小贴士**
>
> 当播放倍数小于1时，视频播放速度放慢，此时可能会出现视频播放卡顿的情况，此时，"智能补帧"选项被激活。在其列表中选择补帧方式，并选择"帧融合"选项，可以快速补帧；选择"光流法"选项，会花费较长时间补帧，但效果最好。另外，启用"声音变调"功能，可以对视频的背景声音进行变调。

5.1.2　练习——"踢踏迪斯科"短视频剪辑

这一节我们就利用视频的常规变速功能，结合前面章节所学的视频剪辑知识，对"旗袍女孩"视频进行剪辑，创作出"踢踏迪斯科"的短视频效果。由于篇幅所限，详细操作过程请读者观看视频讲解。

"踢踏迪斯科"短视频剪辑效果如图5-5所示。

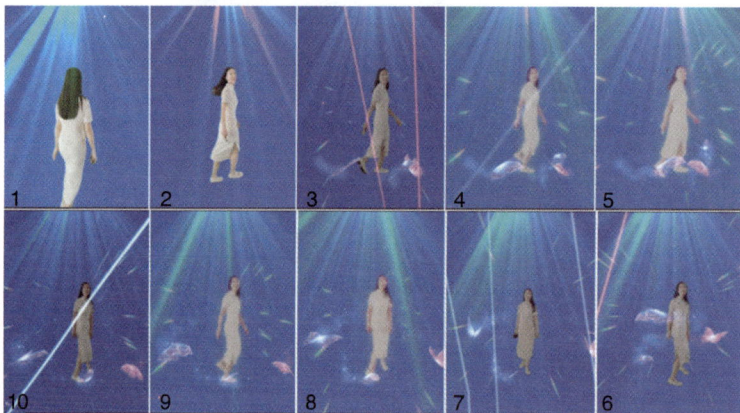

图5-5　"踢踏迪斯科"短视频效果

【操作步骤提示】

（1）新建草稿，设置视频比例为3:4，然后导入"旗袍女孩.mp4"视频素材并将其添加到主轨道，这是一段女孩身穿旗袍步入场景的视频，内容非常平常。

（2）将播放头移动到00:00:00:20位置，将播放头左边的视频全部裁剪掉，然后继续将视频分别从00:00:01:20和00:00:02:00的位置分割，使其成为3段视频。

（3）为第一段视频设置蓝色背景填充色，并将其应用到全部视频，最后分别对3段视频都进行智能抠像，去除视频的背景。

（4）将第1段视频复制并粘贴到第3段视频的末尾，设置其"常规变速"为2倍，再设置其倒放效果。

（5）在音频选项搜索名为"踢踏舞（抖音原版）"的音乐并将其添加到音频轨道，根据背景音乐的节奏来设置第2段视频的"常规变速"为1.5倍，并将其复制、粘贴在其后，再将第2段视频连同复制粘贴的视频一起再复制、粘贴2组，形成共3组踢踏舞步循环效果。

（6）设置原第 3 段视频的常规变速为 2 倍，之后将其复制、粘贴在其后，再设置倒放效果，然后将原第 3 段视频连同复制粘贴的视频一起再复制、粘贴 2 组，形成共 3 组踢踏舞步循环效果。

（7）添加名为"魅力光效""彩虹射线""彩光摇晃""夜蝶"以及"迪斯科"的特效，为场景增添光效，营造场景气氛，完成"踢踏迪斯科"短视频效果的制作。

5.1.3　案例引导——曲线变速

与"常规变速"不同，"曲线变速"是以曲线的形式表现视频的变速效果，这就使得视频的变速效果不像常规变速那样生硬，而更加柔和、多样。另外，"曲线变速"还可以在视频的不同时段进行变速，这要比"常规变速"更加灵活。

新建草稿，导入"烟花 .mp4"视频并将其添加到主轨道，然后在"变速"选项单击 曲线变速 按钮进入其选项面板，显示"自定义"与其他各种曲线变速效果，如图 5-6 所示。

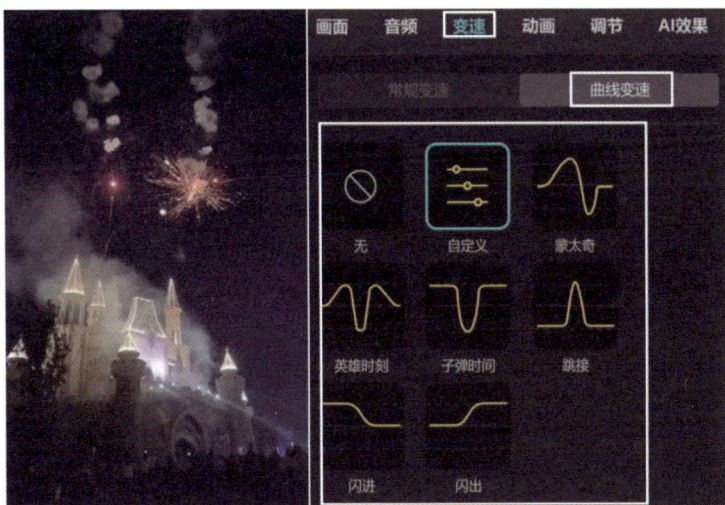

图 5-6　"曲线变速"选项面板

【操作步骤提示】

1. 自定义变速

选择"自定义"变速时，用户可以根据视频效果需要，在视频不同时段进行变速。

（1）单击"自定义"变速按钮，为视频添加自定义变速效果，在下方的面板中显示自定义曲线变速的轴线与节点，如图 5-7 所示。

（2）单击水平轴线上的节点将其选中，上、下拖动节点以调整视频的播放倍数，最快为 10x，最慢为 0.1x，左、右拖动节点以设置变速效果在视频中的位置，如图 5-8 所示。

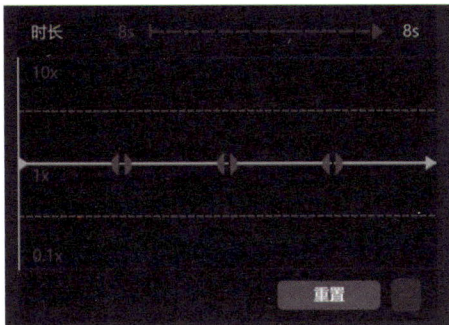

图 5-7　自定义变速的轴线与节点

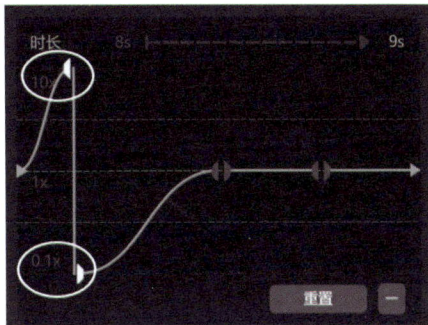

图 5-8　调整变速节点

（3）移动播放头至合适位置，单击"重置"按钮右侧的 ＋ 按钮，添加节点；选择节点，单击"重置"按钮右侧的 － 按钮，删除节点。如图 5-9 所示。

105

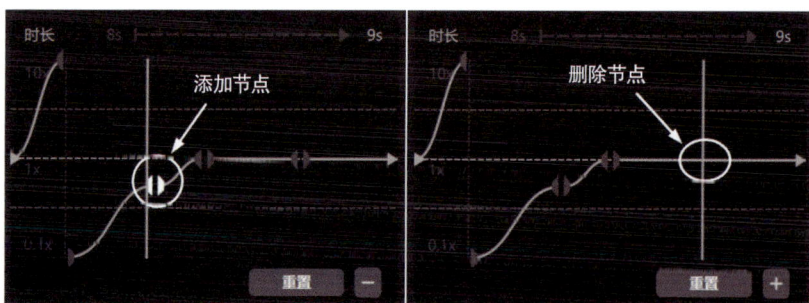

图 5-9　添加与删除节点

2. 其他变速

其他变速包括"蒙太奇""英雄时刻""子弹时间""跳接""闪进"以及"闪出"变速效果，这些效果都是剪映自行设置的一些变速效果，用户只需单击相关变速按钮即可将其变速效果应用到视频。另外，用户也可以对这些变速效果进行编辑，其编辑方法与"自定义变速"的操作相同，在此不再赘述，读者可以自己尝试操作。

5.2　动画效果

"动画"是剪映专业版自带的一些短视频效果，这些短视频效果包括"入场""出场"及"组合"3种，它们可以被应用于视频或图片的起始和结束部分，从而丰富视觉内容并提升视频和图片的观赏性。在本节中，我们将通过实际案例操作，进一步掌握这些相关知识。

5.2.1　案例引导——"入场"动画

在视频播放之初即"入场"，"入场"动画指的是在视频或图片启动播放时加入的动画效果，目的是增强视觉内容，提高画面的吸引力和观赏性。

【操作步骤提示】

1. 为视频设置入场动画

为视频设置入场动画后，视频的入场效果会更精彩。

（1）新建草稿，导入"黄菊花 .mp4"视频并将其添加到主轨道，按空格键播放视频，其入场时的画面非常单调。

（2）选择"黄菊花"素材，在右侧属性面板的 动画 选项单击 入场 按钮进入其功能面板，显示剪映专业版自带的多种入场动画，如图 5-10 所示。

（3）单击名为"Kira 游动"的入场动画，将其添加到"黄菊花"视频，再次播放视频，发现视频开始播放时有了动画效果，如图 5-11 所示。

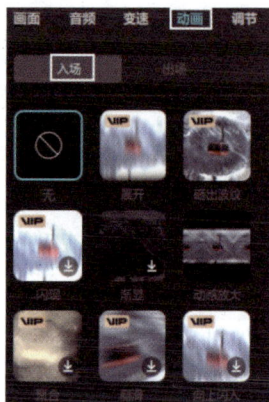

图 5-10　剪映自带的入场动画

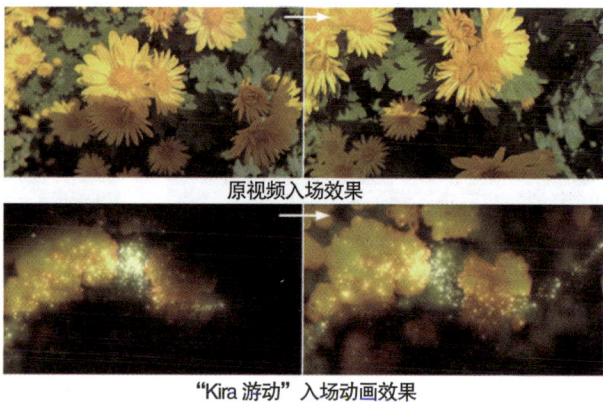

原视频入场效果

"Kira 游动"入场动画效果

图 5-11　原视频与入场动画效果比较

2. 为图片设置入场动画

为图片设置入场动画后，会使静态的图片有了动态效果，画面效果会更丰富。

（1）再次导入"菊花 .jpg"的图片素材并将其添加到轨道，按空格键播放视频，其入场时只是一张静态图片。

（2）在"入场"动画面板选择一种入场动画，例如单击"马赛克"的入场动画，为"菊花"图片设置入场动画，再次播放视频，发现原本静态的画面现在有了动画效果，如图 5-12 所示。

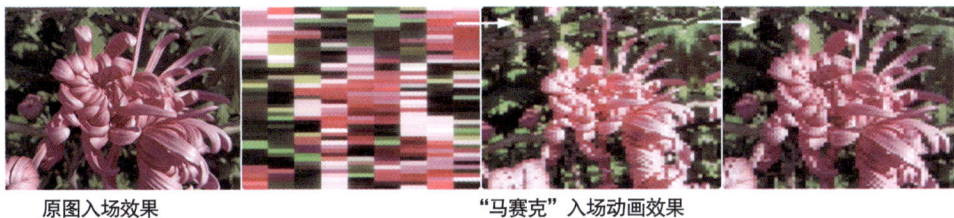

原图入场效果　　　　　　　　　　"马赛克"入场动画效果

图 5-12　原图入场效果与"马赛克"入场动画效果

5.2.2　案例引导——"出场"动画

当视频播放完毕，即标志着"出场"时刻的到来。所谓"出场"动画，指的是在视频或图片播放结束时附加的动画效果，旨在丰富视觉内容，提升画面的感染力和观赏价值。

【操作步骤提示】

（1）新建草稿并导入"黄菊花 01.mp4"素材，在右侧属性面板的 动画 选项单击 出场 按钮进入其功能面板，显示剪映专业版自带的多种出场动画，如图 5-13 所示。

（2）单击名为"玻璃爆开"的出场动画，将其添加到"黄菊花"视频，再次播放视频，发现视频播放结束时有了玻璃爆开的动画效果，如图 5-14 所示。

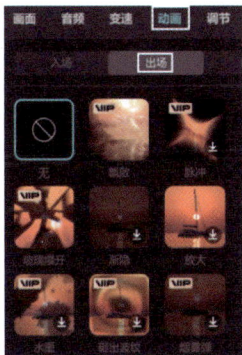

原视频出场效果　　　"玻璃爆开"出场动画效果

图 5-13　剪映自带的出场动画　　　图 5-14　原视频与"玻璃爆开"出场动画

（3）继续添加"菊花 01.jpg"是素材，使用相同的方法，为其添加"飘散"的出场动画，效果如图 5-15 所示。

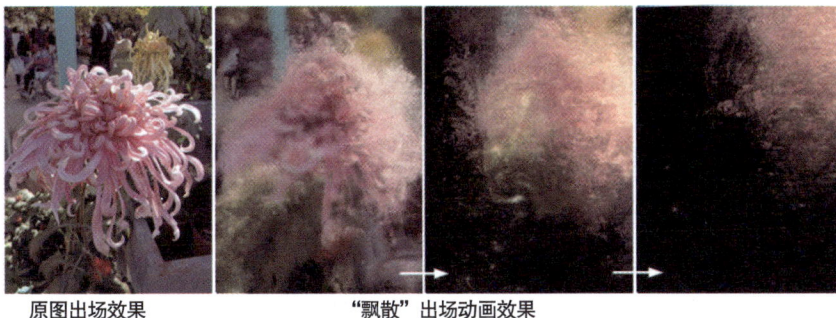

原图出场效果　　　　　　"飘散"出场动画效果

图 5-15　原图片与"飘散"出场动画效果

5.2.3　案例引导——"组合"动画

与单独的入场动画和出场动画不同，"组合"动画集成了视频的入场和出场动画效果。选择一个"组合"动画后，视频和图片的入场与出场都将具备相应的动画效果。

【操作步骤提示】

（1）新建草稿，导入"菊花02.mp4"视频并将其添加到主轨道，按空格键播放视频，该视频的入场和出场都很直接，也很单调，如图5-16所示。

图5-16　视频的入场和出场画面

（2）选择素材，在右侧属性面板的 动画 选项单击 组合 按钮进入其功能面板，显示剪映专业版自带的多种组合动画，如图5-17所示。

（3）单击名为"波动放大"的组合动画，将其添加到"菊花02"视频上，再次播放视频，发现视频有了入场和出场动画，如图5-18所示。

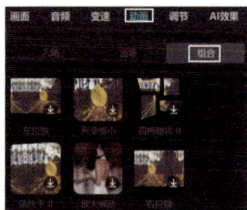

图5-17　"组合"动画　　　图5-18　"波动放大"入场和出场动画

（4）使用相同的方法，可以为图片素材添加"组合"动画，使其具有入场和出场动画效果，该操作比较简单，在此不再赘述，读者可以自己尝试操作。

小贴士

在为视频或图片素材应用了"入场""出场"或"组合"动画之后，用户可以根据视觉效果的需求，在下方的"动画时长"选项中调整动画的持续时间。

5.2.4　练习——"故乡印象"电子相册短视频剪辑

在我的记忆里，故乡总是显得破败与荒凉，然而它却是我这个旅人心中最深沉的牵挂，也是我内心最温暖、最难以割舍的地方。在本节中，我们将利用剪映专业版的"动画"功能，结合该软件的其他视频编辑工具，来制作一部名为"故乡印象"的电子相册短视频，以此来抒发我们对故乡的无尽思念。鉴于篇幅限制，具体的操作步骤请参考相应的视频讲解。

"故乡印象"电子相册短视频剪辑效果如图5-19所示。

图5-19　"故乡印象"电子相册短视频剪辑效果

【操作步骤提示】

（1）新建草稿，导入"故乡印象.jpg"~"故乡印象020.jpg"图片素材并将其添加到主轨道，使其首尾相连，然后分别调整各图片的时长为3s。

（2）分别对每幅图片选择合适的入场、出场动画或组合动画，使看起来比较呆板的静态图片具有动态的入场和出场效果，制作成一段画面更精彩的短视频效果。

（3）制作短视频的封面，然后在"音频"库选择一段合适的背景音乐添加到音频轨道，完成"故乡印象"电子相册短视频制作。

5.3　跟踪效果

"跟踪"功能是剪映专业版中一项卓越的视频编辑工具，它允许"贴纸"、文本以及用户自定义的图片、视频和表情包等元素随画面中的动态对象同步移动，从而增强视频内容的丰富性并提升其视觉吸引力。例如，可以实现让一朵云朵持续飘浮在行走人物的上方，或者让一只小鸟持续伴随一辆行驶中的汽车飞翔等创意效果。这些都归功于"跟踪"功能的巧妙应用。

从形式上来看，"跟踪"可以分为重合跟踪和非重合跟踪。在本节中，我们将通过具体案例操作，进一步学习跟踪的相关知识。

5.3.1　案例引导——重合跟踪

"重合跟踪"技术指的是让跟随对象与目标对象保持完全一致的覆盖。例如，在视频中行走的人物脸部打上马赛克，确保马赛克始终与人物的脸部完全重叠；或者在人物脸部添加虚拟装饰物等，这些都是"重合跟踪"的典型应用。接下来，我们将通过具体案例来学习重合跟踪的相关操作方法和技巧。

【操作步骤】

（1）新建草稿，导入"下雪啦.mp4"视频素材并将其添加到主轨道，这是一段下雪天女孩在户外自拍的视频，按空格键播放视频，效果如图5-20所示。

图 5-20　视频效果

下面我们通过"跟踪"功能给女孩戴上一个装饰眼镜。

（2）按Home键将播放头移动到0帧位置，在界面左侧单击 "贴纸"按钮进入其面板，在左侧列表中的"脸部装饰"选项选择一个眼镜贴纸，单击其右下角的"+"将其添加到贴纸轨道并调整其长度与视频长度相同，如图5-21所示。

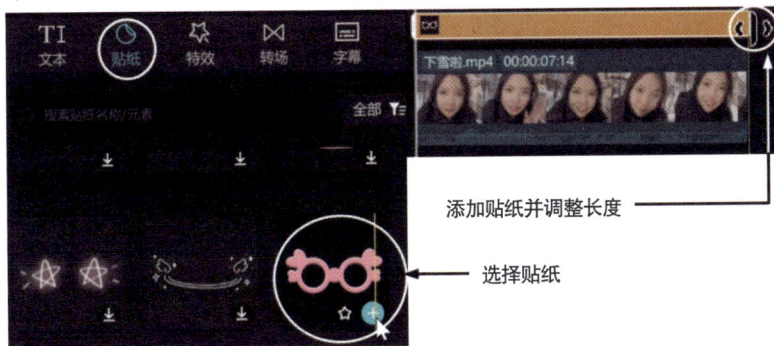

图 5-21　选择并添加眼镜贴纸

（3）选择眼镜贴纸，在右侧"属性"面板的"跟踪"选项单击  "运动跟踪"按钮，显示跟踪的相关参数和选项设置，如图5-22所示。

（4）在"跟踪方向"列表中选择跟踪的方向。选择"双向跟踪"选项，将会对播放头的两端都进行跟踪，也就是说贴纸会对视频进行全程跟踪；选择"从时间轴向右跟踪"选项，则会从播放头右边开始跟踪；选择"从时间轴向左跟踪"选项，则会从播放头左边开始跟踪，如图5-23所示。

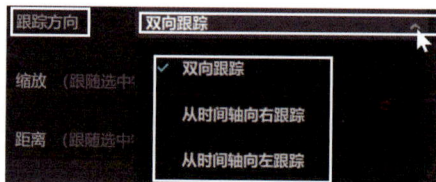

图5-22 "跟踪"选项设置　　　　图5-23 "跟踪方向"设置

（5）启用"缩放"功能后，贴纸将随着镜头的拉近或推远相应地进行缩放。而启用"距离"功能，则会根据所跟随对象的位置自动调整贴纸的远近。

（6）由于眼镜贴纸要从视频一开始就出现，因此我们选择"双向跟踪"选项。另外，眼镜贴纸与女孩脸部重合，因此我们关闭"距离"选项，启用"缩放"选项，使得眼镜贴纸随着女孩头部左右摆动以及镜头远近变化而缩放。

（7）之后在播放器窗口将贴纸的黄色框移动到女孩鼻梁中间位置，调整大小与角度，然后再将眼镜贴纸也调整到女孩眼睛位置，同样调整大小与角度，并使其中心与黄框中心重合，如图5-24所示。

图5-24 调整贴纸的大小、角度与位置

（8）完成设置后，点击 开始跟踪 按钮，系统将启动处理流程。处理完毕后，按下空格键即可播放视频。观察到无论女孩的头部如何移动，眼镜贴纸始终保持在女孩眼睛的位置，并且能够根据头部移动的幅度相应地进行缩放，效果如图5-25所示。

图5-25 女孩脸部的跟随效果

5.3.2 案例引导——非重合跟踪

"非重合跟踪"是指跟踪对象与目标对象没有重合，而是有一定的距离。例如一个行走的人头顶飘浮着一朵云，这就是典型的非重合跟踪，这一节继续通过具体案例操作学习非重合跟踪的制作方法和技巧。

【操作步骤提示】

（1）创建新草稿，导入视频素材"不许偷拍.mp4"，并将其插入主轨道。这段视频捕捉了一位女孩在行走时低头专注于手机的场景。当她意识到自己被偷拍时，她展现了羞涩的表情，并坚决地表示"不许偷拍！"，视频效果如图 5-26 所示。

图 5-26　原视频效果

（2）移动播放头到 00:00:11:15 女孩抬头发现偷拍的位置，在界面左侧单击 TI "文本"按钮进入其界面，单击"默认文本"右下角的"+"按钮添加文本轨道。

（3）在右侧的属性面板进入"文本"选项的"基础"选项，在下方的文本框输入"不许偷拍"文本，并设置字体、字号、颜色等，然后进入"气泡"选项，为文字选择一个气泡效果，如图 5-27 所示。

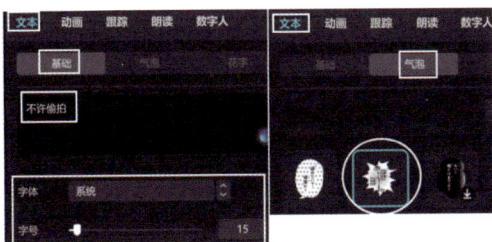

图 5-27　输入文本并选择气泡效果

（4）在时间线窗口移动鼠标指针到文本轨道末尾按住鼠标向右拖曳，调整其长度与视频长度相同，然后在"跟踪"选项单击 "运动跟踪"按钮，设置"跟踪方向"为"从时间线向右跟踪"选项，并启用"缩放"和"距离"两个选项，最后在播放器窗口将文本的黄色框移动到女孩头部位置，将文本移动到女孩头部右侧，使其与女孩头部保持一定的距离，如图 5-28 所示。

图 5-28　调整文本时长与位置

（5）配置完成后，点击 开始跟踪 按钮，系统将启动处理流程。处理完成后，按空格键即可播放视频。此时，您会注意到文本始终跟随女孩的头部移动，并且随着镜头的拉远，文本的大小也会相应地调整，如图 5-29 所示。

图 5-29　非重合跟踪效果

5.3.3　练习——"送你一朵小红花"短视频剪辑

一位身着旗袍的女士从画面的左下角步入,与此同时,一只嘴里衔着一朵小红花的小鸟飞向女孩的头部,并随着她一起向画面中心移动。随着这一幕的展开,文字"等等 等等!送你一朵小红花!"出现在女孩头部上方,并与她一同向画面中心飘动。这便是"送你一朵小红花"短视频的视觉效果。接下来,我们将通过剪映专业版的"跟踪"功能来实现这一效果。鉴于篇幅限制,具体的操作步骤请参考视频讲解。

"送你一朵小红花"短视频如图 5-30 所示。

图 5-30　"送你一朵小红花"短视频

【操作步骤提示】

(1)新建草稿,导入"旗袍女孩 .mp4"视频素材并将其添加到主轨道。

(2)利用前面章节所学的智能抠像以及背景填充知识,对女孩进行抠像并设置填充样式,对背景进行填充。

(3)在女孩出现在画面中的位置添加小鸟的贴纸,调整贴纸黄色框到女孩头部,调整小鸟贴纸到女孩头部右侧位置,然后进行跟踪,制作出小鸟跟着女孩移动的效果。

(4)继续在相同的时段输入"等等 等等!送你一朵小红花!"的文字内容,设置字体、字号、颜色、对齐方式等,然后在播放器窗口将文本的黄色框移动到女孩头部位置,将文字移动到女孩头部右侧位置,最后进行跟踪,完成该短视频的制作。

5.4　调色

"调节"功能允许用户调整画面的色彩,提供了"基础""HSL""曲线"和"色轮"4 种不同的调整方式。本节将通过具体案例操作,继续深入学习调节画面颜色的相关知识。

5.4.1　案例引导——基础

"基础"调色涵盖了"智能调色""色彩克隆""色彩校正""LUT"以及"调节"5 种方法。在本节中,我们将通过一系列案例操作,对这些相关功能进行深入的讲解。

1. 智能调色

"智能调色"功能类似于 Photoshop 中的"自动色调"功能,系统会自动分析视频画面的颜色,并据此进行颜色调整。

【操作步骤】

(1)新建草稿,导入"海鸥 04.mp4"和"海景风光 01.mp4"两个素材并将其添加到主轨道,其中,"海鸥 04.mp4"素材的画面颜色有些灰暗,如图 5-31 所示。

图 5-31　素材颜色灰暗

下面我们对该素材的颜色进行调整。

（2）单击选择"海鸥04.mp4"素材，在右侧属性面板的"调节"选项下进入"基础"选项，勾选"智能调色"选项，然后拖动"强度"滑块，设置其参数为100，以调整画面的颜色，效果如图5-32所示。

图 5-32　智能调色效果

2. 色彩克隆

"色彩克隆"功能与 Photoshop 中的"匹配颜色"功能相似，能够将一个素材的色彩复制到另一个素材上，从而实现两个素材色彩的一致性。

继续上面的操作。"海鸥04.mp4"素材的颜色较为灰暗，而"海景风光01.mp4"素材的颜色则比较鲜艳，如图5-33所示。

图 5-33　海鸥 04 素材与海景风光 01 素材

下面我们将"海景风光01.mp4"素材的颜色匹配给"海鸥04.mp4"素材，使这两个素材的颜色统一。

【操作步骤提示】

（1）继续操作。选择"海鸥04.mp4"素材，在"调节"选项下进入"基础"选项，勾选"色彩克隆"选项打开"目标图选择"对话框，在下方激活"视频帧"按钮，然后单击选择"海景风光01.mp4"素材上的某一帧与"海鸥04.mp4"素材进行匹配，如图5-34所示。

（2）单击 确认 按钮确认，然后在右侧属性面板拖动"强度"滑块，设置其参数为100，以增强匹配强度，如图5-35所示。

图 5-34　选择匹配帧　　　　　图 5-35　"色彩克隆"设置

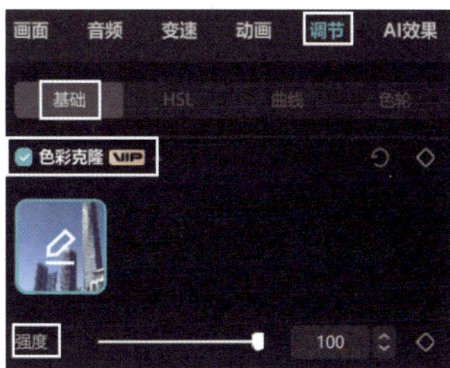

（3）设置完成后，"海景风光01.mp4"素材的颜色被匹配给"海鸥04.mp4"素材，使得"海鸥04.mp4"素材的颜色也变得鲜亮了，效果如图5-36所示。

图 5-36 原图与"色彩克隆"效果比较

3. 色彩校正

"色彩校正"功能与 Photoshop 中的"自动颜色"功能相似，系统会自动调整素材的颜色，以达到最佳的色彩效果。这个过程相对简单，您只需在"调节"选项下进入"基础"选项，勾选"色彩校正"选项，然后拖动"强度"滑块，将其参数设置为 100，以增强校正的强度，如图 5-37 所示。

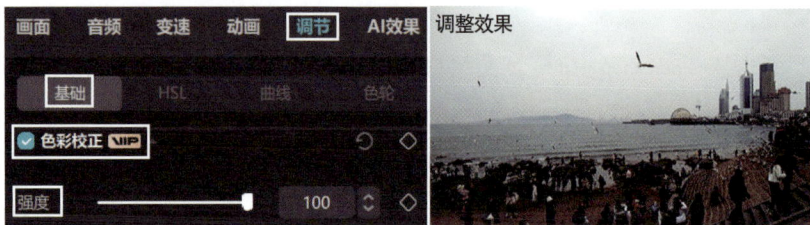
图 5-37 "色彩校正"效果

4. LUT

那么，"LUT"究竟是什么呢？"LUT"实际上是一种色彩校正工具，类似于 Photoshop 中的调整图层，或者剪映专业版中的"滤镜"功能，它专门用于调整视频画面的色调。要运用"LUT"进行视频色彩调整，首先需要下载".cube/.3dl"格式的"LUT"文件，并将其导入到左侧素材面板的"调节"选项下的"LUT"选项中，如图 5-38 所示。

获取"LUT"文件非常简单，您可以通过互联网下载免费的 LUT 文件并导入使用。导入后，在右侧属性面板的"LUT"列表中选择所需的调色预设，并通过拖动"强度"滑块来调整参数进行色彩调整。启用"肤色保护"功能，可以确保画面中人物的肤色得到妥善保护，如图 5-39 所示。

图 5-38 "LUT"文件

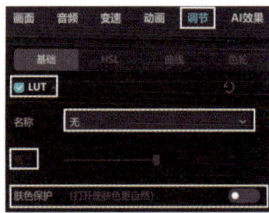
图 5-39 LUT 设置

5. 调节

"调节"功能类似于 Photoshop 中的调整菜单，可以直接调整画面的色彩、明度等。继续上一节操作，选择"海景风光 01.mp4"素材，在"调节"选项下进入"基础"选项，勾选"调节"选项进入其参数设置面板，在"色彩"选项中调整画面的色温、色调和饱和度，如图 5-40 所示。

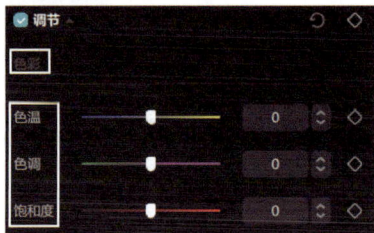
图 5-40 调整色彩

【操作步骤提示】

（1）拖动"色温"滑块调整画面冷暖色彩倾向，取值范围为 –50~50，负值色温偏冷，正值色温偏暖，如图 5-41 所示。

图 5-41　调整画面色温

（2）拖动"色调"滑块调整画面色调，取值范围为 –50~50，负值画面呈蓝绿色调，正值画面呈蓝紫色调，如图 5-42 所示。

图 5-42　调整画面色调

（3）通过拖动"饱和度"滑块，可以调整画面颜色的饱和度，其取值范围为 –50~50。当设置为负值时，会降低画面颜色的饱和度，使画面显得灰暗；而正值则会增加颜色的饱和度，使画面颜色更加鲜艳。如图 5-43 所示。

图 5-43　降低与提高饱和度

重新向主轨道添加"湿地公园 .mp4"的素材，然后在"明度"选项调整画面的亮度、对比度、高光、阴影、白色、黑色和光感，如图 5-44 所示。

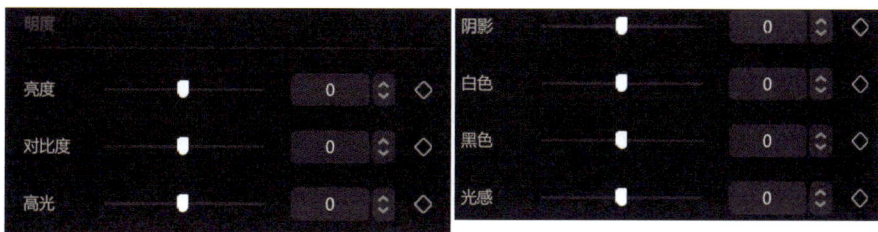

图 5-44　调整画面明度等参数

【操作步骤提示】

（1）通过拖动"亮度"滑块来调整画面的亮度，其取值范围为 –50~50。负数值会降低画面的亮度，使画面显得更暗；而正数值则会增加画面的亮度，使画面变得更亮。具体效果可参考图 5-45。

图 5-45　降低与提高画面亮度

（2）通过拖动"对比度"滑块来调整画面的对比度，其取值范围为 –50~50。负值会降低画面对比度，使画面显得更为柔和；而正值则会增强画面对比度，使画面更加鲜明。具体效果可参考图 5-46。

图 5-46　降低与提高画面对比度

（3）通过拖动"高光"滑块来调整画面的高光部分，其取值范围为 –50~50。负值会减少画面中的高光区域，使画面显得更暗，营造出一种低调、沉稳的氛围；而正值则会增加高光区域，使画面变得更加明亮，呈现出清新、亮丽的效果。如图 5-47 所示。

图 5-47　减少与增加画面高光

（4）拖动"阴影"滑块调整画面阴影效果，该功能不仅影响画面的明暗程度，还能营造出不同的视觉氛围。其取值范围为 –50~50，负值会使画面中的阴影部分加深，画面变得更暗，增强深邃感；正值则会使阴影部分减弱，画面变得更亮，增加明亮度和清晰度。调整效果可参考图 5-48 所示。

图 5-48　增加与减少画面阴影

（5）拖动"白色"滑块调整画面白色，取值范围为 –50~50，负值减少画面中的白色，画面更暗，正值增加画面中的白色，画面更亮，效果如图 5-49 所示。

图 5-49　减少与增加画面白色

（6）拖动"黑色"滑块调整画面黑色，取值范围为 –50~50，负值增加画面中的黑色，画面更暗，正值减少画面中的黑色，画面更亮，效果如图 5-50 所示。

图 5-50　增加与减少画面黑色

（7）拖动"光感"滑块调整画面的光感，取值范围为 –50~50，负值使画面光感变弱，画面变暗，正值使画面光感变强，画面更亮，效果如图 5-51 所示。

图 5-51　减少与增加画面光感

重新向主轨道添加"京东山 .jpg"的素材，然后在"效果"选项调整画面的效果，具体包括锐化、清晰、颗粒、褪色、暗角，如图 5-52 所示。

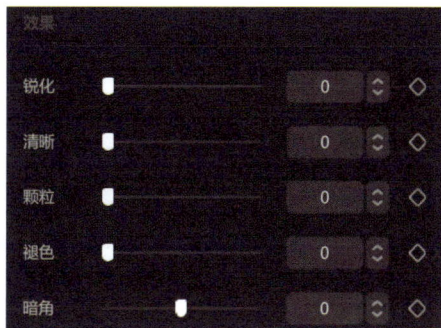

图 5-52　调整锐化等参数

【操作步骤提示】

（1）拖动"锐化"滑块调整画面的锐化度，取值范围为 0~100，值越大锐化效果越明显，反之锐化效果不明显，如图 5-53 所示。

图 5-53　调整画面的锐化度

（2）继续向轨道拖入"黄昏.jpg"素材，拖动"清晰"滑块调整画面的清晰度，取值范围为 0~100，值越大画面越清晰，反之画面不清晰，如图 5-54 所示。

图 5-54　调整画面的清晰度

（3）继续向轨道拖入"灯塔.jpg"素材，拖动"颗粒"滑块向画面增加颗粒效果，取值范围为 0~100，值越大颗粒效果越明显，反之颗粒效果不明显，如图 5-55 所示。

图 5-55　增加颗粒效果

（4）继续向轨道拖入"风力发电塔.jpg"素材，拖动"暗角"滑块制作画面的暗角效果，取值范围为 -50~50，正值使画面出现黑角效果，负值使画面出现白角效果，如图 5-56 所示。

图 5-56　画面的暗角效果

（5）继续向轨道拖入"黄菊花 02.mp4"素材，拖动"褪色"滑块为画面褪色，取值范围为 0~100，值越大褪色效果越明显，反之不明显，如图 5-57 所示。

原视频画面颜色效果

褪色后的视频画面颜色效果

图 5-57　褪色效果

5.4.2　案例引导——HSL

"HSL"是一种色彩调节功能，其中 H 代表色相（Hue），S 代表饱和度（Saturation），而 L 则代表亮度（Lightness）。通过 HSL 调色，我们可以调整画面中红色、橙色、黄色、青色、绿色、蓝色、紫色以及洋红色的色相、饱和度和亮度，以此来改变画面的整体色彩。

【操作步骤提示】

（1）创建新草稿，并将"海边风情 .mp4"视频素材拖入轨道。在属性面板的"调节"选项中点击 HSL 按钮，进入"HSL 基础"调色面板。激活青色环，向右拖动"色相"滑块以调整至偏蓝色的色相；接着继续向右拖动"饱和度"滑块，增强颜色的饱和度；最后，向右拖动"亮度"滑块，提高颜色的亮度，如图 5-58 所示。

图 5-58　调整青色

（2）激活蓝色环，向右拖动"色相"滑块调整蓝色的色相，继续向右拖动"饱和度"滑块调整该颜色的饱和度，再向左拖动"亮度"滑块，调整该颜色的亮度，如图 5-59 所示。

图 5-59　调整蓝色

（3）激活紫色环，分别拖动"色相""饱和度""亮度"滑块，以调整该颜色的色相、饱和度和亮度，画面如图 5-60 所示。

119

图 5-60　调整紫色

（4）使用相同的方法，继续调整其他颜色的"色相""饱和度""亮度"，原图画面颜色效果与调整后的画面颜色效果比较如图 5-61 所示。

图 5-61　原图与调色效果比较

5.4.3　案例引导——曲线

"曲线"功能同样是一种调色工具，类似于 Photoshop 中的"曲线"工具，它允许用户通过调整画面的红色、绿色、蓝色通道以及亮度值，实现对整个画面色彩的精细控制。

【操作步骤提示】

（1）在轨道上添加"夕阳 .jpg"素材，在属性面板"调节"选项下单击 曲线 按钮，勾选"所有曲线"选项，以激活"亮度""红色通道""绿色通道"和"蓝色通道"的调色面板，如图 5-62 所示。

图 5-62　添加素材并激活曲线调整选项

（2）亮度（Luma）。在曲线上单击添加点，移动点以调整曲线，从而调整画面的明亮度。向上调整曲线可提高画面亮度，向下调整曲线可降低画面亮度，如图 5-63 所示。

图 5-63　提高和降低画面亮度

（3）红色通道（R）。在曲线上单击添加点，移动点可调整曲线，从而调整画面中的红色。向上调整曲线可增加画面中的红色，向下调整曲线可减少画面中的红色，如图 5-64 所示。

图 5-64　增加和减少画面红色

（4）使用相同的方法，在绿色通道（G）面板和蓝色通道（B）面板的曲线上添加点并调整曲线，从而增加或减少画面中的绿色和蓝色，效果如图 5-65 所示。

图 5-65　增加和减少画面中的绿色和蓝色

5.4.4　案例引导——色轮

"色轮"是另一种便捷的调色工具，其功能与 Photoshop 中的"色彩平衡"功能相似。通过在色轮上移动滑块，用户能够精细调整图像中阴影、中间调以及高光部分的红色、绿色和蓝色成分。

【操作步骤提示】

（1）在轨道上添加"夕阳 01.jpg"素材，在属性面板"调节"选项下单击 色轮 按钮，勾选"色轮"选项，以激活其调色面板，如图 5-66 所示。

图 5-66　"色轮"调色面板

121

（2）"阴影""中间调"和"高光"这3个色轮分别用于调整画面中阴影、中间调和高光区域的颜色饱和度、亮度以及色相。通过分别拖动色轮左侧的"饱和度"滑块、右侧的"亮度"滑块以及中心的"色相"滑块来进行调整，调整效果如图5-67所示。

图 5-67　调整画面"阴影""中间调""高光"区域

（3）通过"偏移"色轮，您可以调整画面颜色以偏向特定的色系。通过分别拖动色轮左侧的"饱和度"滑块、右侧的"亮度"滑块以及中心的"色倾"滑块，可以实现这一效果。调整效果如图5-68所示。

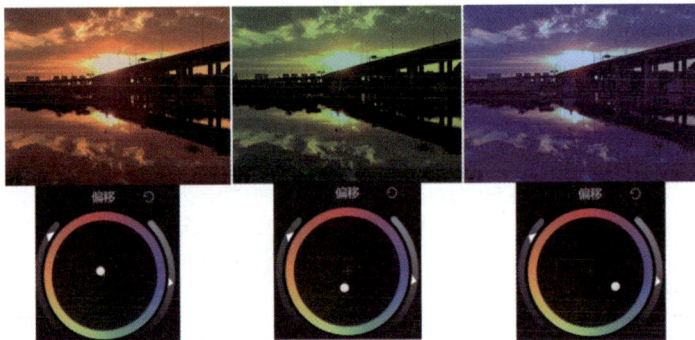

图 5-68　调整画面颜色倾向

5.4.5　练习——"李村河上的美景"短视频剪辑

剪映专业版不仅具备强大的视频剪辑功能，其视频画面的色彩调节功能同样出色。接下来，我们将通过剪映专业版中的"调节"功能，对拍摄的青岛李村河早晨日出与傍晚日落的照片进行色彩调整，进而剪辑出一个色彩更加鲜艳、景色更加迷人的"晨光与暮色"短视频效果。鉴于篇幅限制，具体的操作步骤请参考视频讲解。

"李村河上的美景"短视频效果如图5-69所示。

图 5-69　"李村河上的美景"短视频效果

【操作步骤提示】

（1）创建新草稿，导入"李村河上的美景"系列素材照片，并将它们添加至主轨道。随后，为每张照片设定持续时间为 3s。

（2）在照片序列中插入转场效果，接着运用"调节"功能中的多种调色工具对照片进行色彩调整，以增强照片的整体表现。

（3）运用先前章节所掌握的技巧制作短视频的片头部分。在 Photoshop 中设计短视频的封面，选择合适的背景音乐，并导出视频，从而完成短视频的剪辑工作。

06

第6章
文本、字幕与音频

本章导读

　　文本、字幕与音频是视频的重要组成部分，它们能丰富视频信息，增强情感表达。本章将全面阐述在剪映专业版中如何对其进行编辑与处理，包括文本特效制作、字幕智能生成、音频优化等内容，通过详细案例帮助读者掌握相关技能，为视频创作注入更多活力与魅力。

▶ 本章学习内容

· 文本的基础编辑与特效

· 文本的动画、跟踪与朗读

· 智能字幕、识别歌词与AI生成

· 音频与AI音乐

6.1　文本的基础编辑与特效

在视频中加入文本后，文本即转化为可编辑的素材。用户能够自由选择字体、调整字号、应用样式、设定颜色、调整字间距和行间距，并且能够灵活地调整文字的位置、大小和角度等属性。此外，还可以创建各种文本特效。本节将通过具体案例来学习这些相关知识。

6.1.1　案例引导——添加默认文本

"默认文本"是剪映默认的一种文本，用户可以在视频画面上添加默认文本，根据视频的需要修改默认文本的内容、字体、颜色、大小、行距、字距等。

【操作步骤提示】

（1）添加默认文本。新建草稿，导入"夕阳.jpg"素材并将其添加到主轨道，然后单击界面左上角的 TI "文本"按钮，将"新建文本"选项中的"默认文本"拖到轨道上释放鼠标，向画面中添加"默认文本"素材，如图6-1所示。

图 6-1　向视频画面添加默认文本

（2）输入新的文本内容。在右侧属性面板的 文本 选项下单击 基础 按钮，移动鼠标指针到在下方文本上拖曳鼠标将"默认文本"选中，然后输入"夕阳无限好"文字内容，按 Enter 键换行，再输入"只是近黄昏"文字内容，此时视频画面中出现了新的文本内容，如图6-2所示。

图 6-2　输入文本内容

（3）编辑文本。单击"字体"列表选择字体；拖动"字号"滑块设置字体大小；单击"样式"中的相应按钮，设置文本的粗体、斜体以及添加下划线；单击"颜色"按钮设置文本的颜色；单击"字间距"与"行间距"微调按钮，设置文本的字距与行距；单击"对齐方式"按钮，设置文本的对齐方式，如图6-3所示。

图 6-3　编辑文本

（4）为文本添加样式。在"预设样式"选项下单击系统预设的样式，即可将样式添加到文本上，如

图6-4所示。

图6-4　为文本添加样式

小贴士

　　当文本中使用了预设样式后，单击"预设样式"中的 ⊘ 按钮，即可取消文本上添加的样式。

6.1.2　案例引导——编辑文本素材

　　当视频画面中添加了文本后，文本就成了视频中的文本素材，用户就可以对文本素材进行编辑。

　　【操作步骤提示】

　　（1）继续上一节的操作。在"位置大小"选项中设置各参数，对文本素材设置缩放、位置、平面旋转角度、对齐方式等，如图6-5所示。

图6-5　设置文本素材的位置大小等

　　（2）勾选"混合"选项并设置文本的不透明度；勾选"描边"选项，单击"颜色"按钮选择描边颜色，拖动"粗细"滑块设置描边的粗细，为文本描边。如图6-6所示。

图6-6　设置文本的不透明度与描边效果

　　（3）勾选"背景"选项，设置背景颜色、不透明度、圆角、高度、宽度、上下偏移、左右偏移参数，为文本添加背景：整体背景与分行背景，效果如图6-7所示。

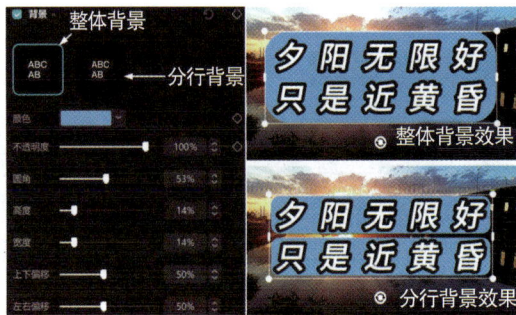

图6-7　设置文本背景

（4）勾选"发光"选项，设置颜色、强度、范围、垂直角度、水平角度，为文本添加发光效果，如图 6-8 所示。

图 6-8　文本的发光效果

（5）勾选"阴影"选项，设置颜色、不透明度、模糊度、距离、角度，为文本添加阴影效果，如图 6-9 所示。

图 6-9　文本的阴影效果

（6）勾选"弯曲"选项，设置"弯曲程度"值，对文本进行弯曲操作，效果如图 6-10 所示。

图 6-10　文本的弯曲效果

6.1.3　案例引导——应用气泡、花字与文字模板

在输入默认文本的基础上，用户能够选择"气泡"或"花字"效果，以增强文本的视觉吸引力。而"文字模板"提供了一种带有动态效果的模板选项，用户在应用文字模板后，能够根据视频内容的需求调整文本，以更好地适应画面。

【操作步骤提示】

（1）添加气泡效果。继续上一节的操作。选择文本，在右侧属性面板的"文本"选项下单击 气泡 按钮显示气泡效果，选择喜欢的气泡，单击即可将其添加到文本上，然后调整气泡的位置，效果如图 6-11 所示。

图 6-11　添加气泡效果

（2）添加花字效果。选择文本，在右侧属性面板的"文本"选项下单击 花字 按钮显示花字效果，选择喜欢的花字，单击即可将其添加到文本上，效果如图6-12所示。

图6-12　添加花字效果

（3）文字模板。单击界面左上角的 TI "文本"按钮，展开"文字模板"选项，在文字模板类型中单击喜欢的文字模板，在轨道上添加文字模板轨道，同时在画面中添加文字模板，如图6-13所示。

图6-13　添加文字模板

（4）选中文字模板，在右侧属性面板的"文本"/"基础"选项的文本框拖曳鼠标选择文字模板内容，然后输入新的文本内容，即可更改文字模板内容，如图6-14所示。

图6-14　修改文字模板内容

6.1.4　练习——制作发光文字片头

好的片头是提高短视频点击与浏览量的关键因素。这一节我们来制作发光文字片头，由于篇幅所限，详细操作过程请读者观看视频讲解。

发光文字片头效果如图6-15所示。

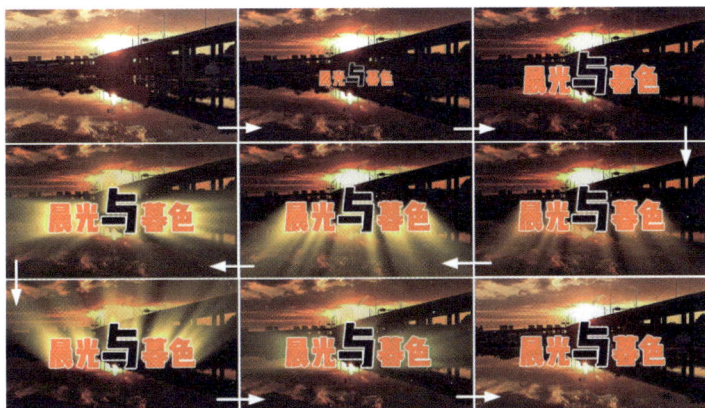

图 6-15　发光文字片头效果

【操作步骤提示】

（1）新建草稿，导入"夕阳 01.jpg"素材并将其添加到主轨道作为背景，使用"调节"功能调整画面的亮度、对比度、锐化等参数。

（2）请在视频的 00:01:03:00 至 00:01:13:00 区间内，制作文字从小到大从画面中心浮现的效果。随后，从 00:01:13:00 起，添加文字的发光效果。

（3）根据片头效果的需要，在不同的帧和时间段设置发光的参数，使其发光效果出现各种变化，完成发光文字片头的制作。

6.2　文本的动画、跟踪与朗读

可以为输入的文本添加入场、出场动画，也可以设置文本的跟踪效果，还可以以各种语调朗读文本，并将其创建为音频添加到轨道中。

6.2.1　案例引导——文本的动画

与其他素材的动画效果相同，文本的动画效果包括"入场"和"出场"动画，当为文本添加"入场"和"出场"动画后，静态文本在入场和出场时便会以动画形式出现。

【操作步骤】

（1）"入场"动画。继续上一节的操作。选择"晨光与暮色"的文本，在右侧属性面板的 动画 选项中点击 入场 按钮进入其功能面板，点击名为"呐喊声波"的入场动画，将其应用到"晨光与暮色"文本上，播放视频，观察到文本以一种声波效果入场，如图 6-16 所示。

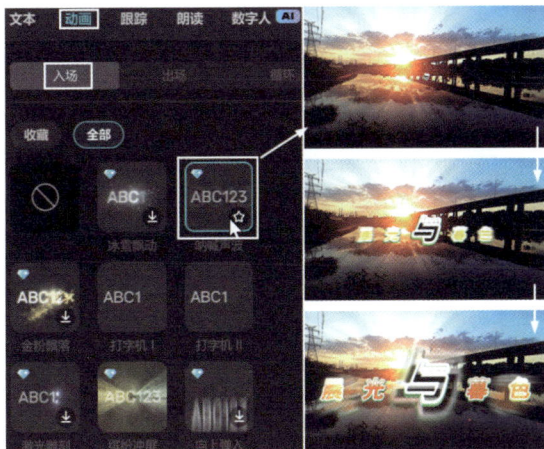

图 6-16　文本的入场动画

（2）"出场"动画。继续在右侧属性面板的 动画 选项中点击 出场 按钮，进入其功能面板。点击名为"消散"的出场动画，将其应用到"晨光与暮色"文本上。再次播放视频，可以看到文本以"消散"的动画效果退出，如图6-17所示。

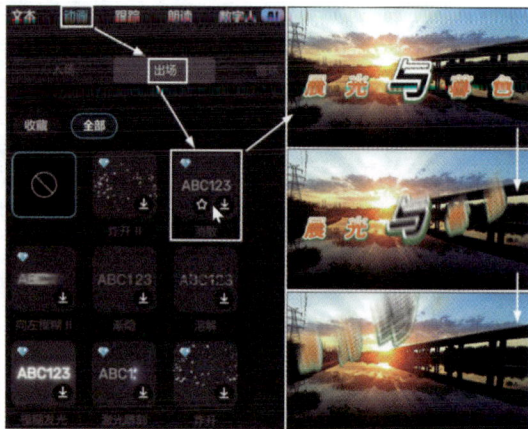

图6-17　文本的出场动画

（3）"循环"动画。继续在右侧属性面板点击 动画 选项下的 循环 按钮，进入其功能面板，展示剪映专业版内置的多种循环动画。点击名为"甜甜圈"的循环动画，将其应用到"晨光与暮色"文本上。再次播放视频，可以看到文本已经具备了循环播放的甜甜圈动画效果，如图6-18所示。

图6-18　文本的循环动画效果

小贴士

当为文本添加了"入场""出场"或者"循环"动画后，用户都可以根据画面效果需要，在下方的"动画快慢"选项设置动画的时长与快慢。

6.2.2　案例引导——文本的跟踪

文本可以始终跟随画面中的运动元素移动，这就是文本的跟踪效果，它的设置与素材的跟踪设置完全相同，读者可以参考本书第5章5.3节的详细讲解，在此不再赘述。这一节我们通过"小兔子快跑"的案例操作，讲解文本跟踪的相关操作。

【操作步骤提示】

（1）新建草稿，导入"小兔子乖乖.mp4"视频素材并将其添加到主轨道，按空格键播放视频，该视频是一只小兔子奔跑的视频。

下面我们制作一个"小兔子快跑"文本跟着小兔子跑向远方的效果。

（2）按 Home 键将播放头移动到0帧位置，依照前面章节所学知识，在画面中添加"小兔子快跑！"的文本素材，为其添加一个花字效果，在时间线窗口调整文本的长度与视频长度相同，如图6-19所示。

图 6-19　画面中添加的文本素材

（3）选择文本素材，在右侧属性面板的"跟踪"选项单击 ⚙ "运动跟踪"按钮进入"跟踪"选项面板，在"跟踪方向"列表中选择"从时间轴向右跟踪"选项，启用"缩放"选项，然后将文本调整到小兔子下方的位置，将文本的黄色框移动到小兔子的身体位置，如图 6-20 所示。

图 6-20　文本位置

（4）设置完成后单击 开始跟踪 按钮，系统开始进行处理，待系统完毕后按空格键播放视频，此时文本始终跟随着小兔子跑向远方，并随着小兔子跑远，文本逐渐变小，如图 6-21 所示。

图 6-21　文本跟踪效果

6.2.3　案例引导——文本的朗读

可以使用多种语调对添加到画面中的文本进行朗读，并将朗读结果生成音频，添加到音频轨道，这为视频配画外音提供了便利。

【操作步骤提示】

（1）新建草稿，导入"小兔子乖乖 01.mp4"视频素材并将其添加到主轨道，依照前面章节所学知识将视频的原声与视频分离，并将分离的声音删除，然后利用前面章节所学知识在画面中添加一段文本，如图 6-22 所示。

图 6-22　添加的文本

（2）按 Home 将播放头移动到 0 帧位置，选择文本素材，在右侧属性面板单击"朗读"选项将其展开，选择自己喜欢的一种语调，例如选择"广西表哥"语调，单击下方的 开始朗读 按钮，剪映专业版开始朗读并处理，朗读完后将生成的音频添加到音频轨道，如图 6-23 所示。

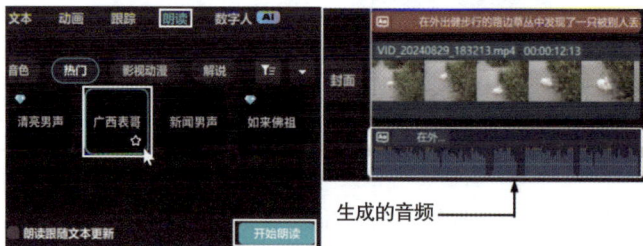

图 6-23 朗读文本生成的音频

（3）选择生成的音频，在右侧属性面板分别进入"基础""声音效果"以及"变速"选项，对音频进行人声美化、淡入淡出、音量、音色及变速等编辑，这些操作在前面章节已经进行了详细讲解，在此不再赘述。

6.2.4 练习——制作"晚霞"文字动画片头

对于短视频而言，一个色彩斑斓、充满活力的片头是吸引观众的关键元素。在本节中，我们将学习如何制作"晚霞"文字动画片头。鉴于篇幅限制，具体的操作步骤请参考视频讲解。

"晚霞"文字动画片头如图 6-24 所示。

图 6-24 "晚霞"文字动画片头

【操作步骤提示】

（1）新建草稿，导入"夕阳 02.jpg"素材并将其添加到主轨道作为背景，使用"调节"功能调整画面的亮度、对比度、锐化等参数，结合关键帧制作出背景画面的显影效果。

（2）输入片头文字，通过设置"混合"参数，结合关键帧制作文字的显影效果，然后添加入场动画和出场动画，制作文字特效。

（3）继续根据短视频内容需要，结合关键帧与混合设置，制作副标题文字效果，完成整个文字动画片头的制作。

6.3 智能字幕、识别歌词与AI生成

在剪映专业版中，可以智能识别视频中的语音生成字幕、利用与音视频匹配的文稿生成字幕、智能识别歌曲生成字幕，也可以利用 AI 生成功能生成字幕和数字人，这一节继续通过具体案例操作学习相关知识。

6.3.1 案例引导——智能字幕

在剪映专业版中，您可以通过自动识别音视频中的人声，或者将输入的与音视频匹配的文本自动生成字幕，这为短视频字幕制作提供了极大的便利。

【操作步骤提示】

1. 识别字幕

"识别字幕"功能可以通过对音视频中的人声的识别，将每段人声生成一段智能字幕。

（1）继续 6.2.3 节的操作。在界面左上角的 TI "文本"选项下单击 智能字幕 按钮进入其面板，显示"识别字幕"与"文稿匹配"两个选项，如图 6-25 所示。

（2）将视频中文字轨道上的文本暂时隐藏，单击"识别字幕"选项下的"开始识别"按钮，系统开始识别音频轨道中的人声，并将人声生成一段段的智能字幕，如图 6-26 所示。

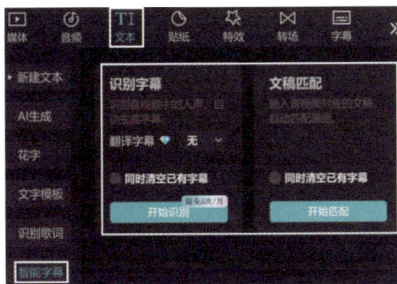

图 6-25 智能字幕面板

图 6-26 生成智能字幕

（3）分别选择生成的每段智能字幕，在右侧属性面板中对其进行相关的编辑，效果如图 6-27 所示。

图 6-27 编辑智能字幕

2. 文稿匹配

"文稿匹配"功能可以将与音视频相对应的文稿生成智能字幕。

（1）将视频中原来的文本内容剪切，然后单击"文稿匹配"选项下的"开始匹配"按钮，打开"输入文稿"对话框，将剪切的文本粘贴到文本框，如图 6-28 所示。

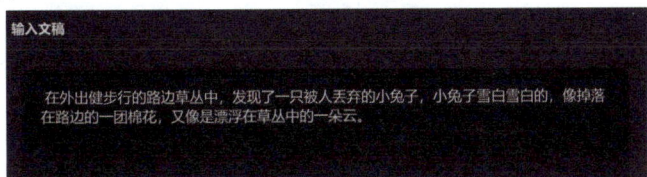

图 6-28 输入文本内容

（2）单击该面板下方的"开始匹配"按钮，系统开始匹配文稿内容，并将文稿内容生成一段段的智能字幕，如图 6-29 所示。

图 6-29 文稿匹配生成智能字幕

133

（3）分别选择生成的每段智能字幕，在右侧属性面板中对其进行相关的编辑。

6.3.2 案例引导——识别歌词与字幕

在剪映专业版中的，除了通过识别音视频中的人声或者匹配文稿创建智能字幕外，还可以通过识别音视频中的歌曲以及画面背景声音，将歌词创建为智能字幕。

【操作步骤提示】

1. 识别歌词创建字幕

（1）新建草稿并导入"小兔子乖乖01.mp4"的视频文件到主轨道，然后为其添加一首与视频内容相匹配的儿歌，如图6-30所示。

图6-30 音视频素材

（2）在界面左上角的 **TT** "文本"选项下单击 识别歌词 按钮显示"字幕语言"面板，在列表中选择字幕的语言，如图6-31所示。

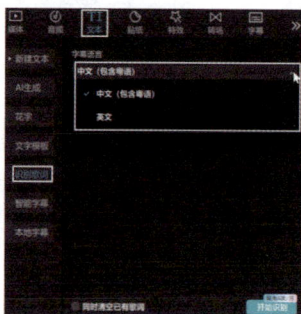

图6-31 字幕语言面板

（3）单击下方的"开始识别"按钮，系统开始识别歌曲中的歌词，并将歌词生成一段段的智能字幕，如图6-32所示。

图6-32 生成的字幕

（4）分别选择生成的每段智能字幕，在右侧属性面板中对其进行相关的编辑，效果如图6-33所示。

图6-33 编辑生成的字幕

2. 识别视频背景声音创建字幕

（1）重新导入"小兔子乖乖.mp4"的视频文件到主轨道，移动鼠标指针到主轨道上的"小兔子乖

乖 .mp4"的视频素材上，单击鼠标右键并选择"识别字幕／歌词"命令，如图 6-34 所示。

图 6-34　选择"识别字幕／歌词"命令

（2）剪映开始进行处理，处理完成后识别的背景声音以字幕素材的形式出现在文字轨道，按空格键播放视频，当视频播放到相关字幕时段时，视频上也出现了字幕内容，如图 6-35 所示。

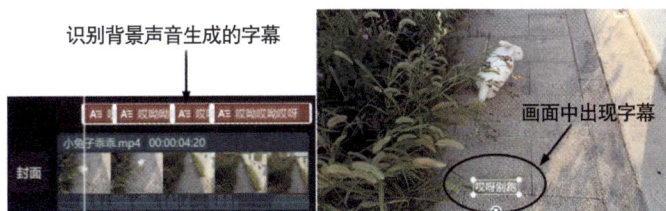

图 6-35　字幕效果

（3）选择字幕，在右侧属性调节栏内选择字体、设置颜色、添加花字、气泡等效果，效果如图 6-36 所示。

图 6-36　设置字幕效果

6.3.3　案例引导——AI生成与数字人

"AI 生成"和"数字人"是剪映专业版所集成的两项人工智能技术。"AI 生成"技术能够依据简短的文本描述创造出富有智能的文本效果，而"数字人"技术则允许用户根据文本内容，在视频画面中创造出数字人形象。用户不仅可以选择预设的数字人形象，还可以上传自己的照片、经过授权的他人照片或卡通画，以此来增强视频内容的多样性和丰富性。

【操作步骤提示】

1.AI 生成

（1）继续 6.3.2 节的操作。删除生成的歌词字幕，在界面左上角的 TI "文本"选项下单击 AI生成 按钮显示其面板，在界面下方输入文字和效果描述，如图 6-37 所示。

（2）单击 立即生成 按钮，剪映专业版根据文字与效果描述开始生成文字，效果如图 6-38 所示。

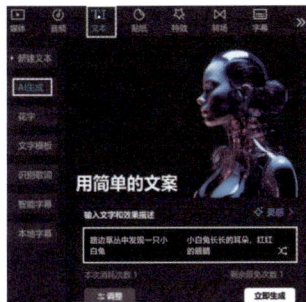

图 6-37　输入文字与效果描述

图 6-38　AI 生成的文字

（3）单击 + 按钮将其添加到文本轨道，此时画面中出现了生成的文字，可以在右侧的属性面板中对生成的文字进行大小、位置等设置，效果如图 6-39 所示。

图 6-39 添加文本并编辑文本

2. 数字人

（1）继续上一节的操作，选择 AI 生成的文本，或者重新输入一段文本，在属性面板单击 数字人 AI 按钮进入其面板，在"形象选择"选项下选择喜欢的数字人，继续在"音色"选项下选择合适的音色，如图 6-40 所示。

图 6-40 选择数字人形象和音色

（2）继续在"景别"选项选择合适的景别；在"背景"选项下选择背景色；在"图片背景"选项选择图片作为背景，如图 6-41 所示。

图 6-41 选择景别、背景颜色与背景图片

（3）选择好后单击下方的 添加数字人 按钮，添加数字人，然后选择数字人，在属性面板进行大小、位置、美颜美体等设置，效果如图 6-42 所示。

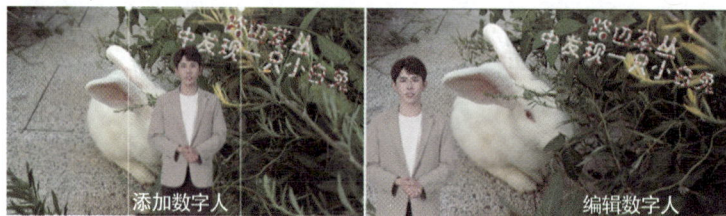

图 6-42 添加数字人并进行调整

3. 照片数字人

（1）继续上一节的操作。在"形象创建"选项单击"上传照片形象"选项打开"创建照片数字人"对话框，单击 + 按钮选择合适的照片，如图 6-43 所示。

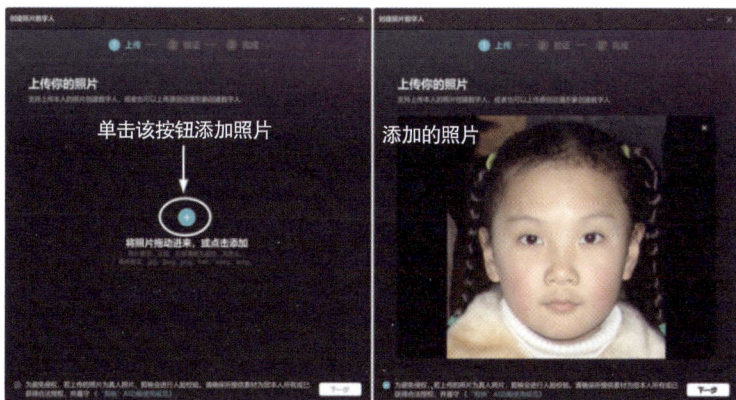

图 6-43　添加照片

（2）单击 下一步 按钮进入验证状态，验证通过后即可将照片创建为照片数字人，需要注意的是，最好上传自己本人的照片或者已经获得合法授权的照片。

6.3.4　练习——"晨光与暮色"诗词配图短视频剪辑

在短视频领域，精准而富有吸引力的字幕往往成为吸引观众的关键因素。本节我们将借助剪映专业版的字幕制作工具，并结合其他短视频编辑技巧，共同打造一部名为"晨光与暮色"的诗词配图短视频。鉴于篇幅限制，具体的操作步骤请参考相应的视频讲解。

"晨光与暮色"诗词配图短视频剪辑效果如图 6-44 所示。

图 6-44　"晨光与暮色"诗词配图短视频效果

【操作步骤提示】

（1）新建草稿，导入"晨光 .jpg"～"晨光 04.jpg"和"暮色 .jpg"～"暮色 05.jpg"图片素材并将其添加到主轨道，然后分别设置每幅照片的时长为 3s。

（2）在素材之间添加转场，然后利用"调节"功能中的各种调色功能对照片进行颜色调整，使照片颜色更加艳丽、多彩。

（3）输入诗词文本内容，然后对文本内容进行朗读生成音频，再对音频进行识别生成智能字幕，或者直接对文本进行匹配生成智能字幕，最后对生成的字幕文本进行相关编辑，完成该短视频的制作。

6.4　音频与AI音乐

对短视频来说,音频是非常重要的内容,具有画龙点睛的重要意义,这一节继续通过具体案例操作学习视频中有关音频的相关知识。

6.4.1　案例引导——添加、分离与提取背景声音

在剪映专业版中,可以将视频自带的背景声音与视频分离,为视频添加背景音乐与音效,或者提取视频中的背景音乐。

【操作步骤提示】

1. 分离短视频的背景声音

(1)新建草稿并导入"小兔子乖乖.mp4"素材到主轨道,按空格键播放视频,发现这是一段有背景声音的小兔子奔跑的短视频。

下面我们将该短视频的背景声音从视频中分离出来。

(2)移动鼠标指针到短视频上单击鼠标右键并选择"分离音频"命令,将该短视频的背景声音从视频中分离到音频轨道,如图6-45所示。

图6-45　分离音频

小贴士

可以将短视频背景声音中的人声分离处理,使其仅保留背景声音或者仅保留人声,方法是在短视频上单击鼠标右键并选择"人声分离"命令,在弹出的菜单中选择相关命令即可,该操作非常简单,在此不再赘述,读者可以自己尝试操作,如图6-46所示。

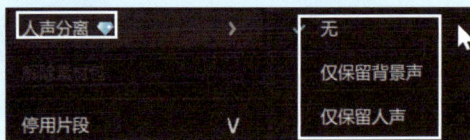

图6-46　人声分离

2. 为短视频添加背景声音或音效

(1)继续上面的操作步骤。选择分离的音频素材,按Delete键将其删除。

下面我们为该短视频添加一段合适的背景音乐。

(2)按Home键将播放头调整到0帧位置,单击左侧素材区的 ⏱ "音频"选项,再单击 音乐素材 按钮显示其面板,在文本框输入"小兔子乖乖"文字内容,按Enter键搜索有关小兔子的音乐,然后分别单击剪映搜索出的音乐播放,并选择合适的音乐,单击 ➕ 按钮将其添加到音频轨道,如图6-47所示。

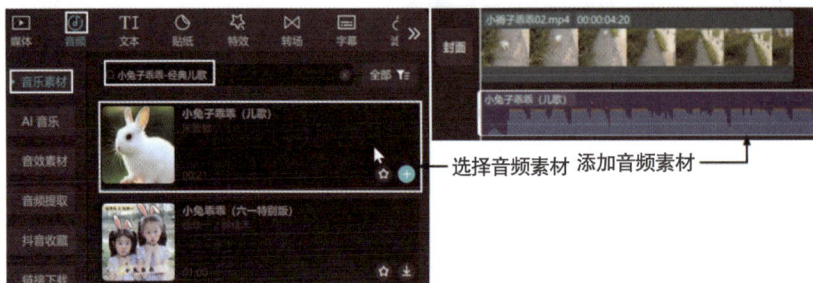

图6-47　添加背景音乐

（3）移动播放头到视频末端，选择音频文件，单击时间线标题栏中的"向右裁剪"按钮，将播放头右侧的音乐全部裁剪掉，效果如图 6-48 所示。

（4）按住 Ctrl 键分别单击短视频与添加的背景音乐将其选择，单击鼠标右键鼠标并选择"新建复合片段"命令，将短视频与背景声音创建为复合片段，如图 6-49 所示。

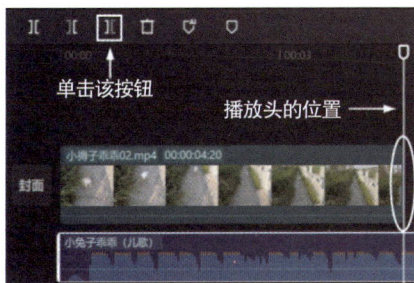

图 6-48　裁剪背景音乐　　　　　　　图 6-49　创建复合片段

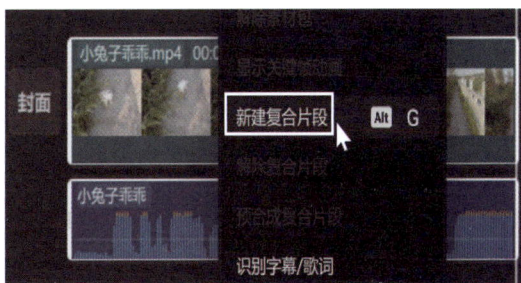

（5）再次单击鼠标右键并选择"保存为我的预设"命令，将创建的复合片段保存为我的预设，以方便后期重复使用。

小贴士

　　如果想为短视频添加音效，可以在左侧素材区的 音频 "音频"选项下展开 音效素材 选项，选择不同类型的音效，或者在文本框输入音效名称进行搜索，然后单击 + 按钮将其添加到音频轨道，其操作方法与添加音乐素材完全相同，在此不再赘述，如图 6-50 所示。

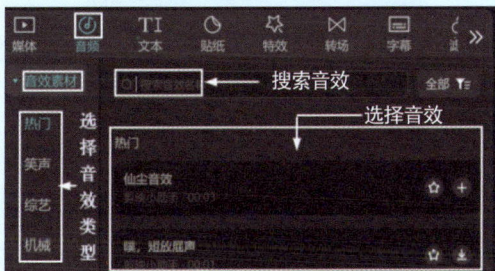

图 6-50　为短视频添加音效

3. 从短视频中提取音频

（1）继续上一节第（4）步的操作步骤。再次在创建的复合片段上单击鼠标右键并选择"解除复合片段"命令，将创建的复合片段解除。

（2）选择轨道上的音乐素材并将其删除，然后单击左侧素材区的 音频 "音频"选项，再单击 音频提取 选项进入其界面，单击 + "导入"按钮，选择要提取音频的短视频文件，如图 6-51 所示。

图 5-51　导入要提取音频的短视频

（3）例如，再次选择"小兔子乖乖 .mp4"的素材，然后单击 + "添加到轨道"按钮，即可提取其音频，并将其添加到音频轨道，如图 6-52 所示。

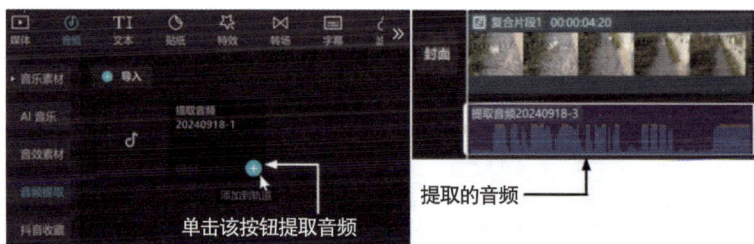

图6-52 提取音频并添加到音频轨道

（4）依照前面步骤中的操作，将音频与视频创建为复合片段，并保存为我的预设。

6.4.2 案例引导——编辑音频

可以对短视频自带的背景声音或添加的音频进行基础编辑，或者为其添加声音特效，使其更符合短视频画面效果的需要。

【操作步骤提示】

（1）新建草稿并导入"小兔子乖乖02.mp4"素材到主轨道，这是一段有背景声音的小兔子奔跑的短视频。

（2）在右侧属性面板单击 音频 按钮，再单击 基础 按钮，勾选"基础"选项，然后拖动"音量"滑块设置音频音量，拖动"淡入时长"和"淡出时长"滑块，设置淡入时长与淡出时长，如图6-53所示。

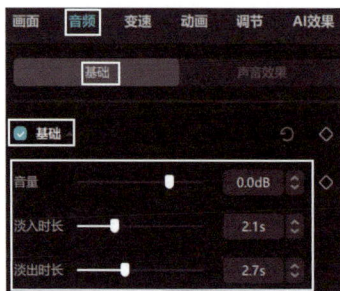

图6-53 设置音量、淡入和淡出时长

小贴士

音量值大于0.0dB，视频音量变大，反之视频音量变小，同时在轨道显示音量的变化效果。另外，"淡入时长"和"淡出时长"是指音量在开始播放时由低到高的时长与播放结束时由高到低的时长，但设置淡入淡出时长后，同样会在轨道中会显示淡入与淡出效果，如图6-54所示。

图6-54 音量淡入与淡出效果

（3）继续勾选"响度统一"选项，可以使多个短视频片段的背景声音响度统一；勾选"人声美化"选项，并拖动"美化强度"滑块调整参数，对音频中的人声进行美化，如图6-55所示。

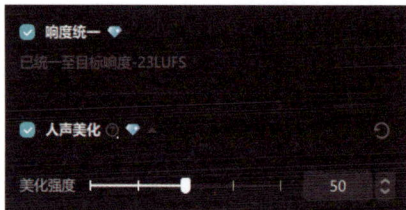

图6-55 响度统一与人声美化

（4）继续勾选"视频翻译"选项，选择目标翻译语言，并打开"同步更改口型"选项，单击 应用 按钮，剪影开始对短视频进行翻译，翻译结束后将音频分离并播放视频，发现视频被翻译为目标语言，如图 6-56 所示。

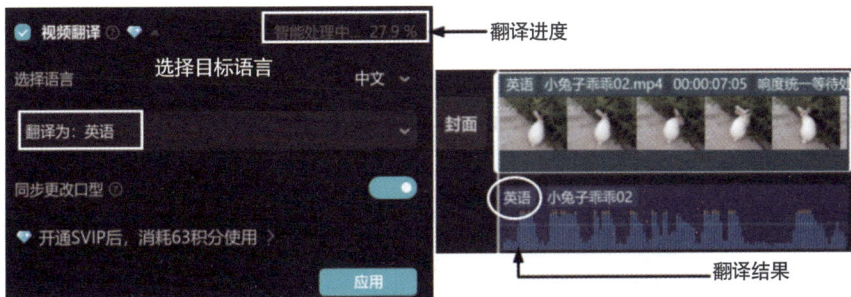

图 6-56 翻译视频

（5）继续勾选"音频降噪"选项，消除音频中的噪声；勾选"人声分离"选项，并选择保留人声还是保留背景声，即可将人声与背景声分离，如图 6-57 所示。

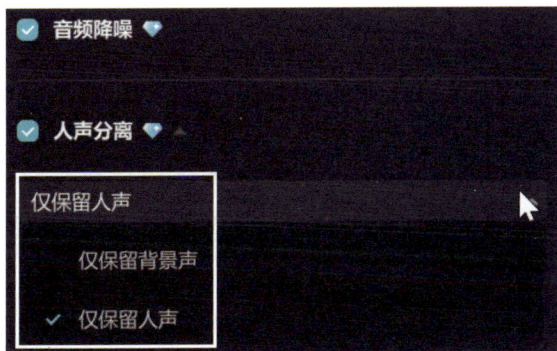

图 6-57 人声分离

小贴士

除了对声音进行基础编辑外，还可以为声音添加各种效果，单击 音频 选项下的 声音效果 按钮，然后分别选择不同的音色、场景音或者声音成曲，为视频的背景声音添加效果，该操作比较简单，在此不再赘述，读者可自己尝试操作，如图 6-58 所示。

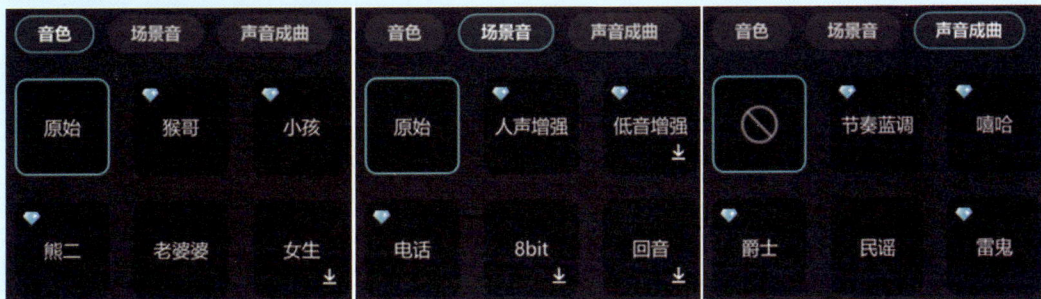

图 6-58 声音效果

6.4.3 案例引导——AI音乐

AI 音乐是一种人工智能技术在声音中的应用，可以根据用户的要求生成一段纯音乐或者人声歌曲。

【操作步骤提示】

1. 生成纯音乐

（1）新建草稿，单击左侧素材区的 ♪ "音频"选项，再单击 AI音乐 选项进入其界面，在"输入要求"选项下单击 纯音乐 按钮选择纯音乐类型，在"音乐描述"选项输入相关描述，如图 6-59 所示。

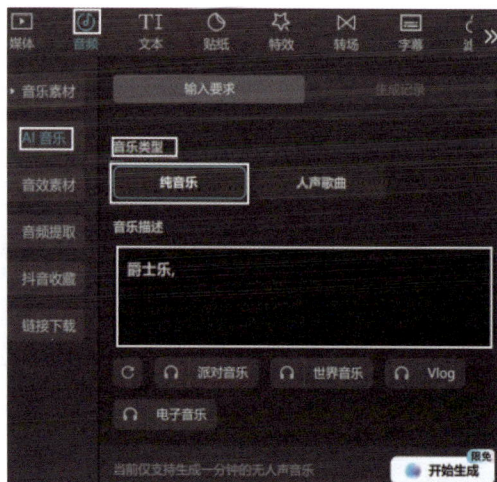

图 6-59　设置 AI 音乐的类型与要求

（2）单击下方的 开始生成 按钮开始生成纯音乐，此时弹出对话框，要求绑定手机号，单击 去绑定 按钮，再次弹出另一个对话框，如图 6-60 所示。

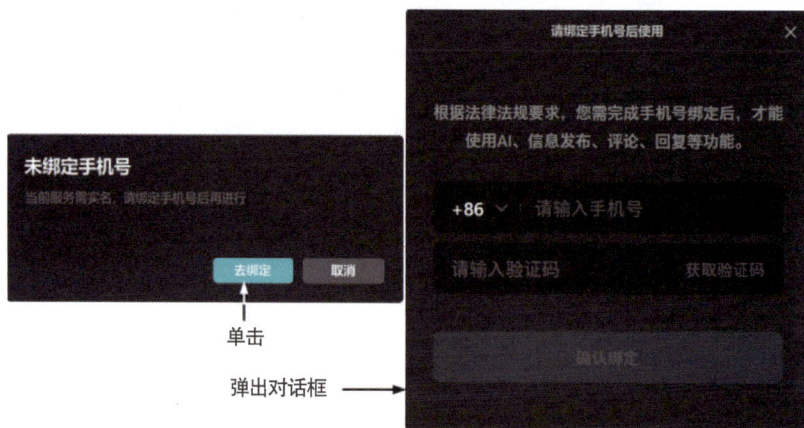

图 6-60　绑定手机号

（3）输入手机号后，单击 获取验证码 按钮获取并输入验证码，单击 确认绑定 按钮再次弹出承诺书，单击"同意"按钮后根据用户要求生成音乐，如图 6-61 所示。

图 6-61　AI 生成的爵士乐

2. 生成人声歌曲

（1）重新在"输入要求"选项下单击 人声歌曲 按钮选择人声歌曲类型，在"歌词"文本框输入歌词，在"音乐描述"文本框输入对音乐的描述，如图 6-62 所示。

（2）单击下方的 开始生成 按钮开始生成，如果已经绑定了手机号，并签订了承诺书，剪映会根据用户要求生成人声歌曲，如图 6-63 所示。

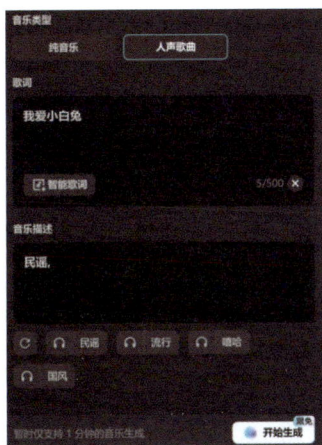

图 6-62　人声歌曲设置　　　　图 6-63　AI 生成的人声歌曲

小贴士

在填写歌词时，单击[智能歌词]按钮打开"智能歌词"对话框，选择主题、填写主题内容、补充话题等，然后单击[继续]按钮，再次打开另一个对话框，剪映开始生成歌词，生成歌词后单击[确认]按钮生成歌词并打开另一个对话框，再次单击[填进输入框]按钮即可将生成的歌词填进文本框，最后单击下方的[开始生成]按钮开始生成人声歌曲，该操作比较简单，在此不再详述，读者可以自己尝试操作。

6.4.4　案例引导——音乐卡点

音乐卡点，亦称作节拍，指的是音乐中的高潮部分或节奏突出的时刻。在视频制作过程中，这些部分常被用来同步画面与音乐的转换，以提升视听体验。具体步骤包括在素材上标注卡点，然后依据这些标记来编辑素材，确保素材的切换与音乐节拍同步，进而创作出令人眩目的音乐卡点视频效果。

【操作步骤提示】

（1）新建草稿，在轨道上添加图片、视频及一段有节奏的音乐素材。

下面为音乐添加节拍标记。

（2）选择音乐素材，单击时间线标题栏上的[AI]"添加音乐节拍标记"按钮，在弹出的下拉菜单中选择"踩节拍Ⅱ"命令，在音乐素材上添加节拍标记，如图 6-64 所示。

图 6-64　添加音乐节拍标记

在音频轨道中，峰值位置就是音乐节奏比较明快的位置，播放视频发现，这些标记基本添加在了音乐节奏比较明快的位置，但还有一些峰值位置并没有添加上标记。

（3）移动播放头到没有添加标记的峰值位置，单击时间线标题栏上的[标记]"添加标记"按钮，在该位置添加一个节拍标记，如图 6-65 所示。

图 6-65　手动添加节拍标记

（4）使用相同的方法继续一边播放音乐，一边根据音乐的节奏在峰值位置添加节拍标记，效果如图6-66所示。

图6-66　添加更多音乐节拍标记

下面根据这些节拍标记来编辑图片素材。

（5）移动播放头到第二个标记位置，选择第一张图片素材，单击时间线标题栏上的"向右裁剪"按钮，将播放头右侧的帧全部裁剪掉，效果如图6-67所示。

图6-67　根据音乐节拍裁剪素材

（6）使用相同的方法继续根据音乐节拍对其他图片素材进行裁剪，效果如图6-68所示。

图6-68　裁剪其他图片素材

（7）按空格键播放视频，发现视频画面根据音乐节拍进行切换，形成一种节奏明快的短视频效果。

小贴士

标记可以被添加至素材或轨道之上。当轨道上未选中任何素材时，标记将出现在轨道上方；反之，若选中了轨道上的素材，则标记将置于素材之上。此外，选中一个标记并点击鼠标右键，会弹出一个快捷菜单，其中包含多个命令选项。选择"删除标记"可移除当前选中的标记；若选择"删除该片段的所有标记"，则会移除所有标记；而选择"编辑标记"则会打开一个对话框，允许用户在第一栏修改标记编号，通过鼠标拖动第二栏来调整标记位置，以及点击下方色块更换标记颜色等。这些操作十分直观，这里不再详细说明。读者可以自行尝试，具体操作可参考图6-69。

图6-69　删除与编辑标记

6.4.5　练习——制作炫酷动感的"日落时分"音乐卡点短视频效果

利用音乐卡点（节拍标记）可以创造出令人瞩目的短视频效果。在本节中，我们将探索如何使用剪映专业版的音乐卡点功能，以及如何结合该软件的其他视频编辑工具，来制作一个炫酷且动感十足的"日落时分"主题音乐卡点短视频。鉴于篇幅限制，具体的步骤操作请参考视频讲解。

炫酷动感的"日落时分"音乐卡点短视频效果如图 6-70 所示。

图 6-70　"日落时分"音乐卡点短视频

【操作步骤提示】

（1）新建草稿，导入"晨光 .jpg"～"晨光 10.jpg"和"暮色 .jpg"～"暮色 10.jpg"等多张图片素材并将其添加到主轨道。

（2）选择一首节奏明快、动感强的音乐将其添加到音频轨道，然后设置音乐节拍标记。

（3）根据音乐节拍标记编辑图片素材，添加转场、特效等，完成炫酷动感的音乐卡点短视频。

07

第7章

关键帧、蒙版与
其他效果

本章导读

　　关键帧、蒙版及其他效果是实现视频特效与创意动画的关键要素。本章将深入讲解这些要素在剪映专业版中的运用方法，通过丰富的案例展示如何利用这些功能制作出令人惊叹的视频效果，激发读者的创作灵感，提升视频剪辑的艺术水准和创意高度。

▶ 本章学习内容

·关键帧动画
·蒙版动画
·特效、转场与贴纸

7.1 关键帧动画

在剪映专业版的视频剪辑里，关键帧是非常重要的内容。通过关键帧来设置视频的缩放、位置、旋转、不透明度、灯光等诸多效果，进而形成关键帧动画，让原本单调的视频画面变得更加丰富多彩。这一节我们就来学习关键帧动画的相关知识。

7.1.1 案例引导——关键帧动画及其制作方法

视频（动画）是由多张静态画面以一定频率连续出现而形成的，该频率被称为"帧频率"。"帧"是视频（动画）的最小单元，一帧代表一张静态画面。如果一个视频（动画）的帧频率为 30 帧 / 秒，这意味着该视频（动画）每秒播放 30 幅静态画面。而关键帧是在特定时间点上选取的一幅静态画面，关键帧动画就是对该时间点上的静态画面效果进行设置，使其产生转折效果从而形成的一种动画。

在剪映专业版视频剪辑中，并非所有设置都能设置关键帧并制作关键帧动画，只有选项设置后面出现"添加关键帧"图标◇时，才表明该选项可设置关键帧并制作关键帧动画。将播放头调整到合适的时间点，单击该图标就能为该选项在此时间点添加关键帧，然后设置选项参数，从而形成关键帧动画。下面我们以剪映专业版中的"调节"选项为例，制作视频画面颜色变化的效果，学习关键帧动画的具体制作方法和技巧。

【操作步骤提示】

（1）新建草稿，导入"江南水乡 .mp4"素材并将其添加到主轨道，按空格键播放视频，发现视频画面颜色并没有什么变化，效果如图 7-1 所示。

图 7-1 视频画面播放效果

（2）按 Home 键将播放头调整到 0 帧，在界面右侧属性面板的"调节"/"基础"选项下勾选"调节"选项，在其各选项后面都出现◇"添加关键帧"图标，表示其选项可以设置关键帧并制作关键帧动画，如图 7-2 所示。

（3）单击"调节"选项后面的◇"添加关键帧"图标使其显示为蓝绿色，其下方各选项后面的图标也都显示为蓝绿色，同时在主轨道 0 帧位置出现了一个节点图标，这表示在 0 帧位置为"调节"各选项添加了一个关键帧，如图 7-3 所示。

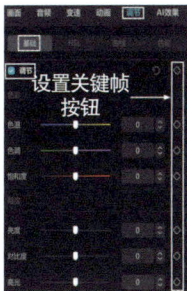

图 7-2 出现"添加关键帧"图标   图 7-3 在 0 帧添加关键帧

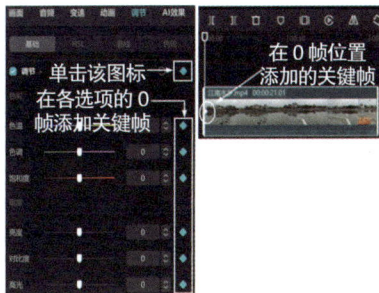

（4）将播放头调整到视频中间合适位置，再次单击"调节"选项后面的◇"添加关键帧"图标，在

该时间点添加一个关键帧，然后分别拖动各选项滑块调整参数，以调整视频画面的颜色，如图7-4所示。

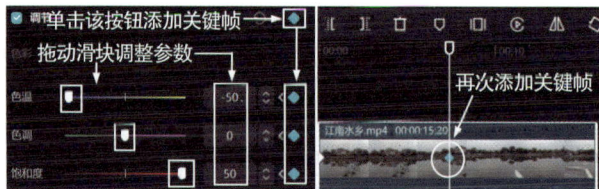

图7-4　在视频中间添加关键帧并调整参数

（5）将播放头调整至视频末端，再次单击"调节"选项后的◇"添加关键帧"图标，在视频末尾再添加一个关键帧，然后分别拖动各选项滑块以调整参数，从而调整视频画面的颜色，如图7-5所示。

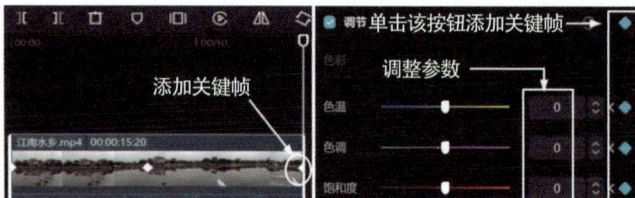

图7-5　在视频末尾添加关键帧并调整参数

（6）按Home键将播放头调整到0帧，按空格键播放视频，发现随着视频的播放，视频画面的颜色逐渐变得鲜艳，然后又恢复为原来的颜色，形成了一种颜色变化的效果，如图7-6所示。

图7-6　关键帧效果

以上内容便是关键帧动画的基本制作方法与技巧，其他类型的关键帧动画的制作方法与之完全相同，在后续章节中，我们将通过具体的案例操作向读者展示这些关键帧动画的制作方法与技巧。

7.1.2　练习——使用"缩放"关键帧制作推拉镜头效果

新建草稿，导入"江南水乡01.mp4"素材并将其添加到主轨道。这是一段使用固定机位环绕拍摄、时长为00:00:07:25的江南水乡短视频，视频画面有些呆板，效果如图7-7所示。

图7-7　固定机位环绕拍摄的视频画面效果

所谓"固定机位环绕拍摄"，是指摄像机的位置固定不动，仅在拍摄时摄像机镜头以机位位置为轴心进行旋转，从而拍摄出环绕的视频画面。

这一节我们利用剪映专业版中的"缩放"关键帧对该视频制作画面的推拉镜头效果。推拉镜头是视频拍摄的一种手法，是指在视频拍摄过程中，镜头不断地拉近或者推远，镜头推近时放大画面，镜头拉远时缩小画面，从而使视频画面不断变化，以增强视频画面的可观赏性。由于篇幅所限，详细操作过程请读者观看视频讲解。

【操作步骤提示】

（1）在第 0 帧时在"缩放"选项添加一个关键帧，其他设置默认。

（2）在 00:00:03:25 位置，在"缩放"选项添加一个关键帧，设置"缩放"值为 300%，其他参数保持默认值

（3）继续在视频结尾时在"缩放"选项添加关键帧，设置"缩放"值为 100%，其他参数保持默认值

（4）播放视频观察可知，视频画面从第 0 帧开始逐渐放大，形成一种推镜头的效果，到 00:00:03:25 后视频画面又逐渐缩小，形成一种拉镜头的效果，这就是推拉镜头，如图 7-8 所示。

图 7-8　"推拉镜头"效果

7.1.3　练习——使用"位置"关键帧制作入场、出场动画效果

"入场"与"出场"是指视频开始和结束时的方式。为视频制作好的"入场"和"出场"动画，可以使视频更具有观赏性。

新建草稿，导入"灯光秀 02.mp4"素材并将其添加到主轨道，这是一段时长为 00:00:07:20 的灯光秀短视频，播放视频发现，视频的出场和入场方式都比较直接、简单，缺少吸引力，如图 7-9 所示。

图 7-9　灯光秀短视频

这一节我们就利用剪映专业版中的"位置"关键帧来为该视频制作入场和出场动画效果，由于篇幅所限，详细操作过程请读者观看视频讲解。

【操作步骤提示】

（1）分别于 0 帧和 00:00:01:29 位置在"画面"/"基础"/"位置"选项各添加一个关键帧，并设置 0 帧时的"X"值为 -3939，设置 00:00:01:29 的"X"值为 0，完成视频位置动画的设置。

（2）继续在 0 帧位置添加"黑场"素材和名为"星光炸开"的特效，在 1s 位置给"混合"/"不透明度"选项添加关键帧，并设置其参数为 0%，使视频素材开始时为透明效果。

（3）继续在视频的 00:00:01:29 位置再次为"不透明度"选项添加关键帧，并设置其参数为 100%，使视频在此时完全不透明，完成入场动画的制作。

（4）在 00:00:06:15 位置继续为"不透明度"选项添加关键帧，并设置其参数为 100%。同时在此添加名为"星月童话"的特效，为其"氛围"选项添加关键帧，其他设置不变。

（5）继续在视频末尾为"不透明度"选项添加关键帧，并设置其参数为 0%。同时在"星月童话"特效的"氛围"选项后添加关键帧，并调整其参数为 0，完成视频出场动画的制作。

（6）播放视频会发现，在星光炸开的同时，视频画面从场景左侧缓缓进入场景并慢慢显现，到 00:00:01:29 时到达场景中心位置并继续播放，到 00:00:06:15 时场景出现星月效果，同时视频画面开始慢慢模糊并缓缓向右侧移动，直到移出场景，形成出场动画效果，如图 7-10 所示。

图 7-10　入场与出场效果

7.1.4　练习——使用"旋转"关键帧制作画中画效果

所谓的"画中画"功能，指的是在主视频画面内嵌入另一个较小的画面以播放额外的视频内容。"画中画"功能允许多个视频同时播放，从而丰富了视觉体验。

创建新草稿，将"灯光秀 06.mp4"视频文件导入主轨道并启动播放，观察到仅有一个画面在展示视频内容，且画面显得较为单一，如图 7-11 所示。

图 7-11　"灯光秀 06"视频画面

在本节中，我们将通过剪映专业版的"旋转"关键帧功能，实现视频的画中画效果。鉴于篇幅限制，具体的操作步骤请参考视频讲解。

【操作步骤提示】

（1）首先为其添加"动感荧光"的特效边框，设置其时长与视频时长相同，然后在 0 帧为视频的"不透明度"和"动感荧光"特效的"氛围"各添加一个关键帧，并设置其参数均为 0%。

（2）继续在 3s 位置为视频的"不透明度"和"动感荧光"特效的"氛围"添加关键帧，并设置"不透明度"和"氛围"参数均为 100%。

（3）在 00:00:07:15 位置将"飞马水城灯光秀 .mp4"视频添加到副轨道，并从"灯光秀"视频的结束位置进行裁剪，然后为"缩放""位置"和"旋转"选项各添加一个关键帧，并设置"缩放"值为 1%，其他设置默认。

（4）在 00:00:010:15 位置再次为"飞马水城灯光秀 .mp4"视频的"缩放""位置"和"旋转"选项各添加一个关键帧，并设置"缩放"值为 50%，"位置"选项的"X"值为 –961，"Y"值为 540，"旋转"的角度值为 1440° 。

（5）继续在 20s 位置为"动感荧光"特效、"飞马水城灯光秀 .mp4"和"灯光秀 06.mp4"均各添加关键帧，其参数均默认。

（6）再次在视频结束节点为"动感荧光"特效、"飞马水城灯光秀 .mp4"和"灯光秀 06.mp4"各添加关键帧，然后设置"动感荧光"特效的"氛围"参数为 0，"灯光秀 06.mp4"和"飞马水城灯光秀 .mp4"的"不透明度"参数均为 0%，"飞马水城灯光秀 .mp4"的"旋转"角度为 0° ，完成该画中画视频效果的制作，效果如图 7-12 所示。

图 7-12　画中画效果

7.1.5　练习——使用"不透明度"关键帧制作视频转场效果

所谓"转场"是指视频从一个镜头切换到另一个镜头的过程。用户不仅可以使用剪映电脑专业版提供的视频转场功能，也可以自己制作视频的转场效果，从而使视频画面过渡更自然，视觉效果更好。

创建新草稿，并导入"黄菊花 03.mp4"和"粉红菊花 .mp4"视频素材。接着，将这些素材全部放置到主轨道上。在播放视频时，可以注意到，从粉红菊花的画面切换到黄色菊花的画面时，过渡显得较为突兀和生硬。具体效果可参考图 7-13。

图 7-13　视频画面切换效果

这一节我们就继续使用剪映专业版中的"不透明度"来为该视频制作视频的转场效果，由于篇幅所限，详细操作过程请读者观看视频讲解。

【操作步骤提示】

（1）将"黄菊花 03.mp4"调整到副轨道，并使其与粉红菊花首尾重叠 5 帧，以方便制作转场效果，如图 7-14 所示。

（2）将播放头移动到黄菊花视频的开始位置，在"混合">"不透明度"选项为"黄菊花 03.mp4"视频素材和"粉红菊花 .mp4"视频素材各添加一个关键帧，并设置"黄菊花 03.mp4"视频素材的"不透明度"为 0%，设置"粉红菊花 .mp4"视频素材的"不透明度"参数为 100%，如图 7-15 所示。

图 7-14　调整"黄菊花 03.mp4"素材的位置　　　　图 7-15　添加关键帧并设置不透明度

（3）继续将播放头移动到"粉红菊花 .mp4"视频素材的末尾，再次在"混合"＞"不透明度"选项为这两个素材各添加一个关键帧，然后设置"黄菊花 03.mp4"素材的"不透明度"为 100%，设置"粉红菊花 .mp4"素材的"不透明度"为 0%，效果如图 7-16 所示。

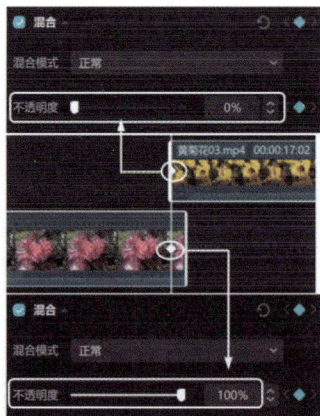

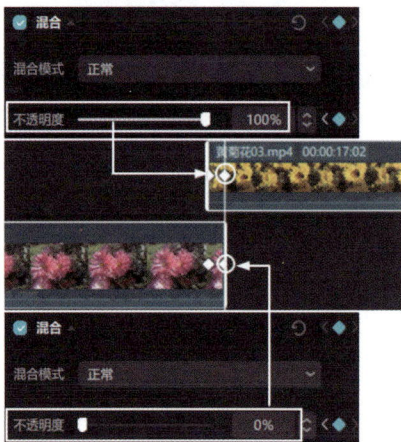

图 7-16　再次添加关键帧并设置不透明度

（4）播放视频发现，视频在转场时出现了两个画面的重叠效果，画面过渡比较自然、丝滑，如图 7-17 所示。

图 7-17　视频画面转场效果

7.1.6　练习——使用文字的"缩放"和"颜色"关键帧制作频闪变色文字效果

在短视频领域，精妙的文字效果能够显著提升视频的吸引力，成为吸引观众的重要因素之一。首先，创建一个新的草稿，并将"江南水乡 01.jpg"这一图片素材导入主轨道。这张图片以江南水乡为背景，是作者的自拍静态照。在本节中，我们将通过设置"缩放"关键帧来制作照片的闪烁效果，并在照片的右侧位置应用文字的"颜色"关键帧，制作出闪烁并变换颜色的文字效果，从而增强观赏性。鉴于篇幅限制，具体的操作步骤请参考视频讲解。

【操作步骤提示】

（1）将"江南水乡 01.jpg"照片素材的时长调整到 2s，分别在 0 帧、5 帧、10 帧、15 帧、17 帧、19 帧、20 帧、21 帧和 22 帧为"缩放"选项添加关键帧，然后分别设置 0 帧的"缩放"值为 100%、5 帧的"缩放"值为 155%、10 帧的"缩放"值为 100%、15 帧的"缩放"值为 145%、17 帧的"缩放"值为 100%、19 帧的"缩放"值为 140%、20 帧的"缩放"值为 100%、21 帧的"缩放"值为 135%、22 帧的"缩放"值为 100%，制作照片的频闪效果。

（2）在 22 帧时，在照片右侧输入"大美江南"的竖排文字，并设置其末尾与照片末尾对齐，文字字号为 15，文字颜色为蓝色，然后为"缩放"选项和"不透明度"选项添加关键帧，并设置"缩放"的值为 1%，"不透明度"的值为 0%。

（3）在 00:00:01:00 位置继续为"缩放"选项和"不透明度"选项添加关键帧，并设置"缩放"的值为 140%，"不透明度"的值为 100%；在 00:00:01:05 时继续为"缩放"选项添加关键帧，并设置其值为 100%；在 00:00:01:08 时继续为"缩放"选项添加关键帧，并设置其值为 130%；在 00:00:01:10 时继续为"缩放"选项添加关键帧，并设置其值为 100%；在 00:00:01:11 时继续为"缩放"选项添加关键帧，并设置其值为 120%；在 00:00:01:12 时继续为"颜色"选项和"缩放"选项添加关键帧，并设置其值为 100%，制作文字的频闪效果。

（4）继续在 00:00:01:15 时为"颜色"选项添加关键帧，并设置其颜色为橙色，依次在 00:00:01:18、00:00:01:21、00:00:01:24、00:00:01:27 和文字末尾帧添加关键帧，并分别设置文字的颜色，这样就形成了文字颜色不断变化的效果。

（5）播放动画，照片出现频闪效果，接着照片右侧慢慢显示文字，并出现文字的频闪效果，之后文字不断变化颜色，效果如图 7-18 所示。

图 7-18　频闪变色文字动画

7.1.7　练习——使用文字的"缩放""位置"和"平面旋转"关键帧制作旋转出现和消失的文字效果

新建草稿，导入"黄菊花 04.mp4"视频素材到主轨道，这是一段黄色菊花的视频，效果如图 7-19 所示。

图 7-19　黄菊花视频效果

在本节中，我们将继续运用文本中的"缩放""位置""平面旋转"关键帧，以在视频画面上创造出文字的旋转展示和消失效果。鉴于篇幅限制，具体的操作步骤请参考视频讲解。

【操作步骤提示】

（1）在视频播放至00:00:01:25时，于画面下方添加"小"字样的文字。将文字的字号设定为15，颜色改为红色，并为其添加白色描边效果。随后，在"位置大小"设置中插入关键帧，将"缩放"参数调整为1，同时设定"位置"的"X"值为–1450、"Y"值为1300，并将"平面旋转"参数设置为0°。保持其他参数为默认值，确保文字在这一时刻位于画面的左上角。

（2）在视频播放至00:00:02:10的位置，再次在"位置大小"选项中添加一个关键帧。将"缩放"值设定为100%，并将"位置"的"X"值设为–1450，"Y"值设为0，同时设置"平面旋转"角度为720°。这样可以使文字从画面左上角开始，快速旋转720°并向下移动至画面左侧的水平中心线位置，如图7-20所示。

（3）复制"小"字，并在视频播放至00:00:02:03时，将复制的文字粘贴到相应位置。接着，更改文字内容为"蜜"，并将其颜色设置为黄色。在文字的第0帧，调整"位置"的"X"值至–879，"Y"值至1300°；在第2个关键帧，将"位置"的"X"值保持为–879，"Y"值调整为0°。保持其他设置不变，使得该文字能够快速从上方旋转着下落到"小"字的右侧，如图7-21所示。

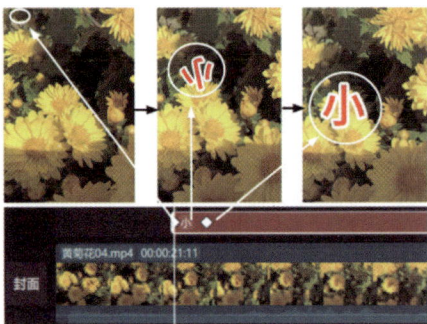

图7-20 "小"字动画　　　　　图7-21 "蜜"字动画

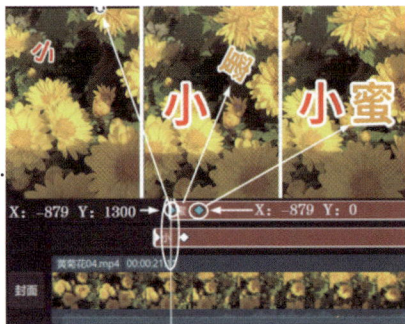

（4）按照相同的方法，继续执行复制、粘贴操作，并调整文字内容、颜色以及关键帧的位置，以创建一个文字快速旋转并下落至画面中心的"小蜜蜂采蜜忙"文字入场动画效果，如图7-22所示。

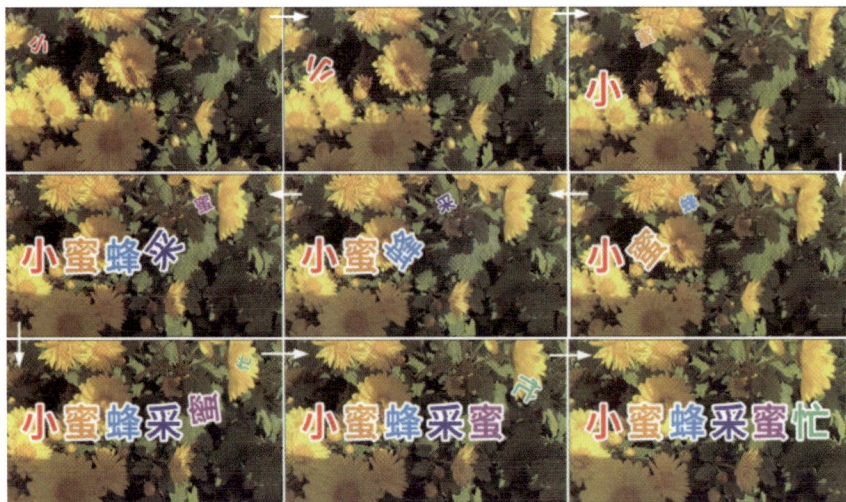

图7-22 文字入场动画效果

（5）继续在00:00:07:00位置为"小"字在"混合"选项添加关键帧，设置"不透明度"为100%，继续在该文字的末尾添加关键帧，设置"不透明度"为0%，使该文字出现渐隐的出场动画效果，如图7-23所示。

图 7-23 "小"字渐隐出场动画效果

（6）移动播放头到"小"字出场动画的两个关键帧之间的位置，在"混合"选项为"蜜"字添加一个关键帧，再在该文字的末尾添加一个关键帧，并设置其"不透明度"为 0%，制作该文字的渐隐出场动画，这样就会形成"小"字和"蜜"字先后渐隐出场的动画效果，如图 7-24 所示。

图 7-24 "小"字与"蜜"字的渐隐出场动画效果

（7）使用相同的方法制作出其他文字的出场动画，然后分别在每个文字的入场动画与出场动画之间，为"颜色"选项添加多个关键帧并调整颜色，制作出每个文字不断变换颜色的效果，这样就完成了该文字动画的制作，如图 7-25 所示。

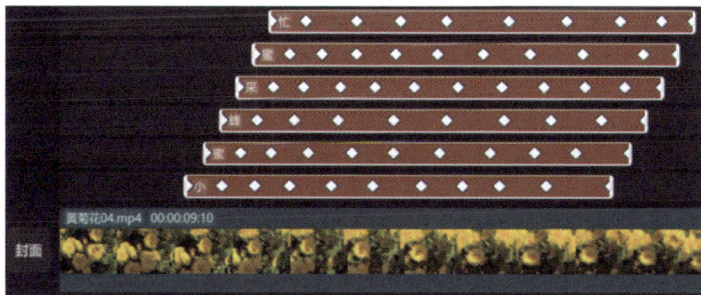

图 7-25 制作完成的文字效果

（8）最后，将视频中的背景声音分离并删除，然后为视频重新添加适当的背景音乐。播放修改后的视频时，你会发现随着音乐节奏的变化，文字会依次从画面上方旋转下落并入场，同时不断变换颜色，最终又依次渐隐出场。

7.1.8 案例引导——音频的关键帧效果

在剪映专业版中，音频同样可以通过设置关键帧来调整音量大小。接下来，我们将通过具体案例，深入讲解如何利用关键帧来控制音频音量的相关技巧。

【操作步骤提示】

（1）新建草稿，导入"海边风光 .jpg"~"海边风光 05.jpg"图片素材到主轨道，然后添加"云朵"转场效果，使其形成一段海边风光的短视频。

（2）调整播放头至 0 帧位置，为短视频插入"海浪声"音频素材。播放视频后，可以观察到音频的音量保持一致。在右侧属性面板的"基础"选项卡中，可以查看并调整音频的音量、淡入、淡出等基础设置，如图 7-26 所示。

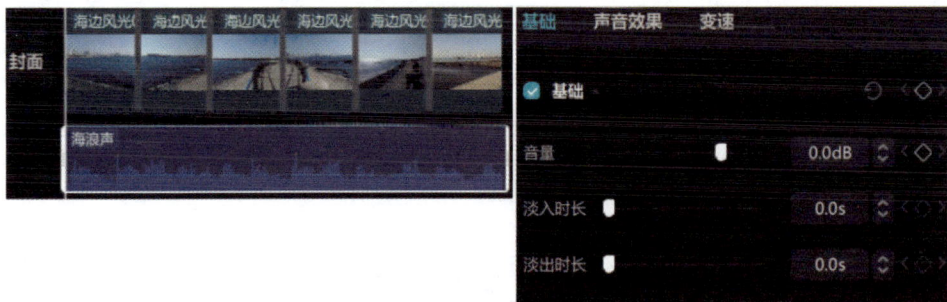

图 7-26　音频及其设置

（3）单击"音量"选项右侧的 ◇"添加关键帧"图标添加一个关键帧，然后调整播放头到 00:00:06:10 的位置，再次添加关键帧，向左拖动滑块，调整音量为 –40.0dB。继续调整播放头到 00:00:12:20 的位置，添加一个关键帧，并向右拖动滑块，调整音量为 –20.0dB。继续在音频末尾的"音量"选项处添加一个关键帧，然后向左拖动滑块，调整音量为 –40.0dB。此时，音频上将显示一条音量变化曲线，如图 7-27 所示。

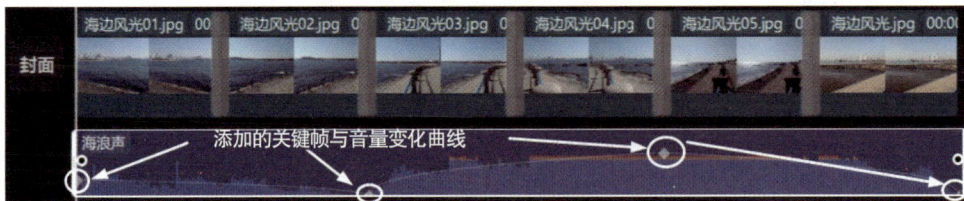

图 7-27　为音频添加关键帧调整音量大小

（4）在播放视频时，您会听到海浪声音量逐渐减弱，随后音量增大，最终再次减弱。这种音量变化的效果是通过在音频上设置关键帧来实现的。

小贴士

除了上述提到的关键帧功能外，用户同样可以为贴纸和特效配置关键帧。通过这些关键帧，您可以精细调控贴纸的尺寸、位置、缩放比例，以及特效的速度和持续时间等。这些关键帧的配置与操作相对直观易懂。鉴于篇幅限制，这里不再详细展开，建议读者自行实践以掌握操作。

7.2　蒙版动画

什么是"蒙版"呢？在 Photoshop 中，蒙版定义为选框的外部区域（相对地，选框的内部区域被称为选区），它是 Photoshop 中的一项高级技术。在剪映专业版中，蒙版的概念与此相同，指的是在视频画面上叠加的一层灰度板，这层板能够控制图像的透明度（本质上是一幅黑白图像）。白色区域会使图像呈现透明效果，黑色区域则保持图像不透明，而灰色区域则根据其灰度的不同，实现图像的半透明效果。通过使用蒙版，剪映专业版能够帮助用户创造出各种独特的视觉效果。

7.2.1　案例引导——蒙版及其基本操作

剪映专业版中有 6 种类型的蒙版，这 6 种类型的蒙版只是形状不同，其功能和应用方法完全相同，这一节我们继续通过具体案例操作，学习剪映专业版中蒙版的基本操作方法和应用技巧。

【操作步骤提示】

（1）继续上一节的操作。将一个素材调整到副轨道，使其与主轨道素材对齐，然后选择副轨道上的素材，在"画面">"蒙版"选项中勾选"蒙版"选项，显示 6 种蒙版，如图 7-28 所示。

（2）单击任意蒙版按钮，即可为素材添加蒙版，例如单击"线性"蒙版，为副轨道上的素材添加线性蒙版，此时副轨道画面下方呈现透明效果，显示主轨道上的画面，如图 7-29 所示。

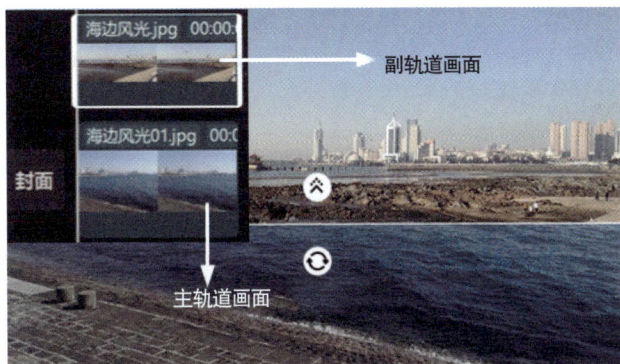

图 7-28　6 种蒙版　　　　图 7-29　为副轨道素材添加线性蒙版

（3）在下方的"位置"选项中调整"Y"值，将蒙版向下移动以覆盖主轨道画面；在"旋转"选项中设定角度为 90°，以展示左右两个画面；通过拖动"羽化"滑块来设置蒙版边缘的羽化值，实现边缘的虚化效果，具体效果可参考图 7-30。

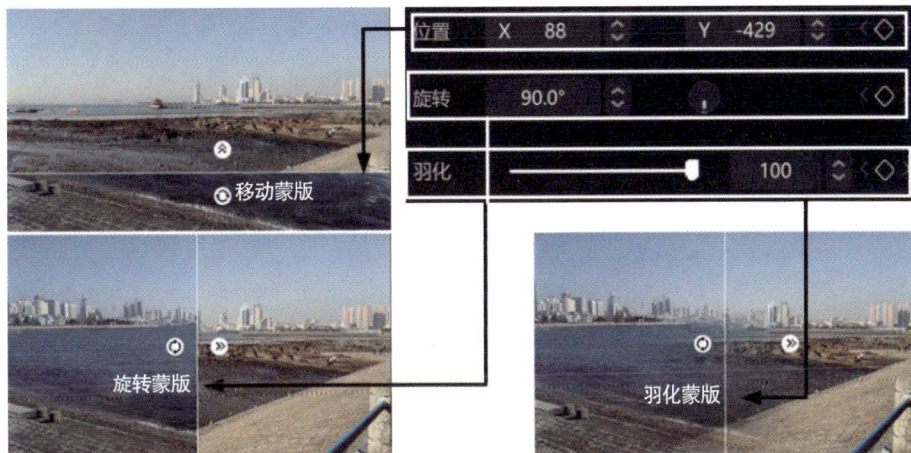

图 7-30　蒙版效果

以上介绍了线性蒙版的基本操作和应用方法，其他类型蒙版的操作原理大同小异。由于篇幅限制，这里不再赘述。在接下来的章节中，我们将通过具体案例深入探讨其他蒙版的应用。

7.2.2　练习——使用"线性"蒙版制作"拉幕式"转场效果

所谓的"拉幕式"转场，就如同在舞台上拉开帷幕一般，从一个视频画面平滑过渡到另一个视频画面。本节将指导大家如何利用"线性"蒙版来制作这种"拉幕式"转场效果。鉴于篇幅限制，具体的操作步骤请参考视频讲解。

【操作步骤提示】

（1）新建草稿，导入"灯光秀 01.mp4""灯光秀 04.mp4"和"灯光秀 06.mp4"3 个视频，分别将其添加到主轨道和两个副轨道，并使其首尾重叠。

（2）在主轨道的 0 帧添加"线性"蒙版，并为其"位置"选项添加关键帧，然后将其向上移动到播放器窗口顶部，使画面完全透明。

（3）在 5s 时再次为"位置"选项添加关键帧，然后将其向下移动到播放器窗口底部，使画面完全显示，制作第 1 个画面的拉幕式转场效果。

（4）为第 1 副轨道素材的 0 帧添加"线性"蒙版，并设置其"旋转"为 90°，然后为"位置"选项添加关键帧，并将其向右移动到播放器窗口最右侧，使画面完全透明。

（5）在主轨道末尾位置再次为第1副轨道素材"位置"选项添加关键帧，然后将其向左移动到播放器窗口左侧，使画面完全显示，制作该素材的拉幕式转场效果。

（6）使用相同的方法，为第2副轨道上的素材添加"线性"蒙版，并设置其"旋转"为45°，添加关键帧并设置参数，制作该素材倾斜拉幕式转场效果。

（7）依次制作完成"线性"蒙版的转场效果，结果如图7-31所示。

图7-31　拉幕式转场效果

7.2.3　练习——使用"镜面"蒙版制作"对开式"转场效果

"对开式"转场与"拉幕"式转场在某些方面颇为相似，但它们的区别在于"拉幕"式转场是从一侧展开。本节将继续指导大家如何运用"镜面"蒙版来创建"对开式"转场效果。鉴于篇幅限制，具体的操作步骤请参考视频讲解。

【操作步骤提示】

（1）新建草稿，导入"灯光秀10.mp4"～"灯光秀12.mp4"3个视频，分别将其添加到主轨道和两个副轨道，并使其首尾重叠。

（2）在主轨道的0帧添加"镜面"蒙版，并为其"大小"选项添加关键帧，然后设置其参数为"宽1"，将蒙版关闭，使画面完全透明。

（3）在5s时再次为其"大小"选项添加关键帧，然后设置其参数为"宽1084"，将蒙版打开，使画面完全不透明，制作第一个画面的对开式转场效果。

（4）为第1副轨道素材的0帧添加"镜面"蒙版，并设置其"旋转"为90°，然后为其"大小"选项添加关键帧，并设置其参数为"宽1"，将蒙版关闭，使画面完全透明。

（5）继续在主轨道末尾位置再次为第1副轨道素材的"大小"选项添加关键帧，并设置其参数为"宽1926"，将蒙版打开，使画面完全显示，制作第2个画面的对开式转场效果。

（6）使用相同的方法，为第2副轨道上的素材添加"镜面"蒙版，并设置其"旋转"为45°，添加关键帧并设置参数，制作该素材的倾斜对开式转场效果。

（7）依次制作完成"对开式"转场效果，结果如图7-32所示。

图7-32　对开式转场效果

7.2.4　练习——使用"圆形"蒙版制作画中画效果

"画中画"效果已在先前章节中详尽阐述，此处不再赘言。本节我们将学习如何运用"圆形"蒙版创建椭圆形的"画中画"效果。鉴于篇幅限制，具体操作步骤请参考视频讲解。

【操作步骤提示】

（1）新建草稿，将"粉红菊花 01.mp4"素材添加到主轨道，将"黄菊花 05.mp4"素材添加到副轨道，两个视频素材的画面效果如图 7-33 所示。

图 7-33　视频画面效果

（2）将"粉红菊花 01.mp4"素材沿"黄菊花 05.mp4"素材的末尾裁剪掉，使两个素材的时长相等，然后将"黄菊花 05.mp4"素材移动到画面左边位置，如图 7-34 所示。

图 7-34　移动视频画面

（3）为"黄菊花 05.mp4"素材添加"圆形"蒙版，拖动蒙版边框上的控制点，将圆形蒙版调整为椭圆形蒙版，这样就形成了圆形画中画效果，按空格键播放视频，在"粉红菊花 01.mp4"视频画面的左边出现椭圆形黄色菊花视频画面，效果如图 7-35 所示。

图 7-35　"圆形"蒙版的画中画效果

7.2.5　练习——使用"矩形"蒙版制作三联排画面效果

所谓"三联排"画面就是 3 个画面并排播放。这一节我们继续教大家使用"矩形"蒙版，结合其他参数设置来制作三联排画面效果。由于篇幅所限，详细操作过程请读者观看视频讲解。

【操作步骤提示】

（1）创建新草稿，将"粉红菊花 02.mp4"视频素材导入主轨道，随后加入"矩形"蒙版。在 0 帧时，为"位置"和"大小"属性各自设置一个关键帧，并将"大小"属性中的"长"和"宽"参数均设定为 1。

（2）在视频播放至 00:00:20:00 时，继续在"位置"和"大小"选项中各添加一个关键帧。将"大小"

中的"长"设置为1920,"宽"设置为1080,以实现画面从中心逐渐放大显示的效果,如图7-36所示。

图7-36 逐步放大显示的画面

（3）在视频播放至00:00:30:00时,继续在"位置"和"大小"选项中各添加一个关键帧。将"大小"选项中的"长"调整为1920,"宽"设置为310,同时将"位置"的"X"值设为0,"Y"值设为-350,使画面逐渐拉伸成长条形并移至屏幕下方,如图7-37所示。

图7-37 逐渐成长条状的画面效果

（4）复制视频素材"粉红菊花02.mp4",并将其粘贴至副轨道的播放头位置。接着,用"黄菊花07.mp4"视频素材进行替换。之后,调整第3个关键帧的"位置"属性中的"Y"值至0,确保其位于画面的中心位置。完成后的效果可参照图7-38。

图7-38 调整素材位置

（5）继续在当前位置将"粉红菊花02.mp4"素材粘贴至第2副轨道,并用"粉红菊花03.mp4"视频素材进行替换。随后,调整第3个关键帧的"位置""Y"值至350,确保其出现在画面的上方位置,具体可参照图7-39。

图7-39 素材位置

（6）将3个轨道的背景声音关闭,重新选择一个合适的背景音乐,完成该视频效果的剪辑,结果如图7-40所示。

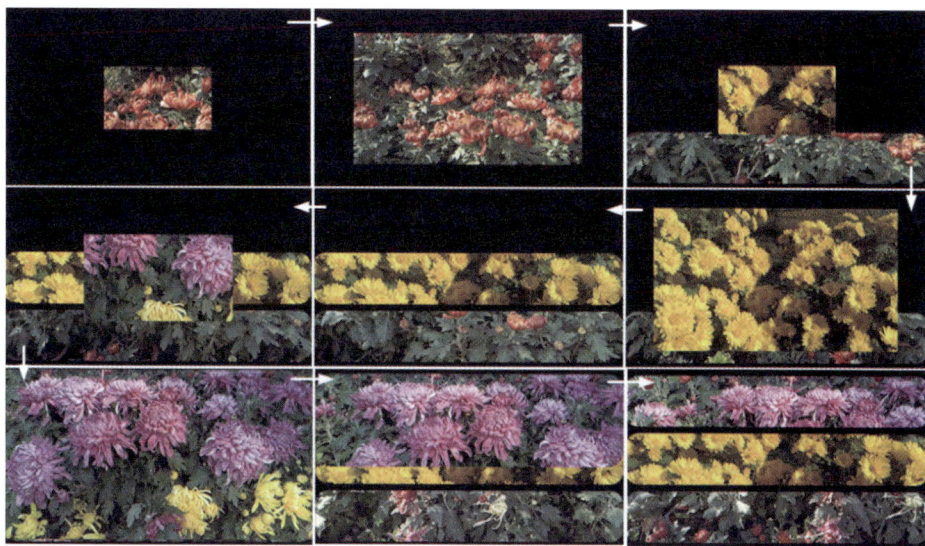

图 7-40 三联排画面效果

7.2.6 练习——使用"爱心"蒙版制作心形转场效果

在本节中,我们将学习如何运用"爱心"蒙版,并结合其他参数设置,制作出心形转场效果。鉴于篇幅限制,具体的操作步骤请参考视频讲解。

【操作步骤提示】

(1)创建新草稿,将"菊花 01.jpg"置入主轨道,并调整其持续时间为 3s。接着,将播放指针移至 00:00:20:00 的位置,在副轨道插入"菊花 02.jpg"素材,并同样设置其持续时间为 3s,如图 7-41 所示。

图 7-41 添加素材

(2)为副轨道素材添加"心形"蒙版,并在第 0 帧时在其"大小"选项中添加关键帧,设置参数为 1,以隐藏副轨道画面。随后,将播放头向后移动 20 帧,在"大小"选项中再次添加关键帧,并通过拖动心形蒙版边框按钮调整蒙版至场景大小,从而制作出副轨道画面逐步显示的效果,如图 7-42 所示。

图 7-42 心形蒙版效果

（3）复制副轨道上的素材，并将其粘贴至第 2 副轨道。接着，用"菊花 03.jpg"进行替换。采用相同的操作步骤，依次粘贴素材并分别用"菊花 04.jpg"至"菊花 09.jpg"进行替换，以制作出心形转场效果，如图 7-43 所示。

图 7-43　心形转场效果

7.2.7　练习——使用"五角星"蒙版制作五星转场效果

"五角星"蒙版与"爱心"蒙版的参数设置大体一致，区别仅在于蒙版的形状。在本节中，我们将学习如何运用"五角星"蒙版，并结合其他参数配置来创建五星转场效果。鉴于篇幅限制，具体的操作步骤请参考视频讲解。

【操作步骤提示】

（1）新建草稿，将"晚霞.jpg"素材并将其添加到主轨道，然后为其添加"五角星"蒙版。

（2）在时间轴的 00:00:00:05 处，为"旋转"属性添加一个关键帧，并设定角度为 0°；同时，在"大小"属性上也添加一个关键帧，将其参数设置为 1。这样设置后，画面将受到蒙版的影响而不显示。

（3）在时间标记 00:00:00:25 处为"旋转"属性添加一个关键帧，并设定角度为 180°。同时，为"大小"属性也添加一个关键帧，并通过拖动五角星蒙版的边框按钮来调整蒙版，使其适应场景的尺寸。这样，五角星形状的图像将一边旋转一边逐渐显现，直至完全填充整个场景画面，如图 7-44 所示。

图 7-44　画面显示动画

（4）复制主轨道上的素材，并将其粘贴至副轨道的 00:00:00:15 位置（位于两个关键帧之间）。接着，用"晚霞 01.jpg"素材进行替换，以制作出另一个呈现五角星形状的效果，具体可参考图 7-45。

图 7-45　另一个素材的显示效果

（5）依照第（3）步的操作，继续多次复制主轨道上的素材，将其粘贴到副轨道两个关键帧之间位置，然后使用"晚霞 02.jpg"至"晚霞 09.jpg"素材将其一一替换，制作出多个素材呈五角星形状逐步显示的转场效果，如图 7-46 所示。

图 7-46　五角星转场效果

7.3　特效、转场与贴纸

贴纸、特效和转场是剪映专业版中专为短视频设计的特殊效果工具，旨在提升视频的画面质量和观赏性。应用特效、转场和贴纸的方法十分简便，只需选择所需的元素，轻轻一点，即可轻松添加到您的短视频之中。

7.3.1　案例引导——特效的应用方法

特效分为"画面特效"和"人物特效"两大类，分别用于为视频画面的背景环境和其中的人物增添特殊效果。

创建新草稿，并将"江南水乡 02.mp4"素材导入主轨道。这段视频是作者以某个江南水乡为背景拍摄的短视频，画面朴素，如图 7-47 所示。

图7-47　短视频画面效果

下面我们为画面环境和画面人物分别添加特效，以丰富视频画面效果。

【操作步骤提示】

（1）在界面左侧单击 ✦ "特效"按钮进入其面板，展开"画面特效"选项，显示不同类型的特效，如图7-48所示。

（2）在"自然"选项单击"落叶"特效右下角的 ⊕ "添加"按钮，将该特效添加到视频画面中，然后在轨道中拖动特效，调整其时长与视频时长相同，播放视频，发现视频画面中出现了落叶特效，如图7-49所示。

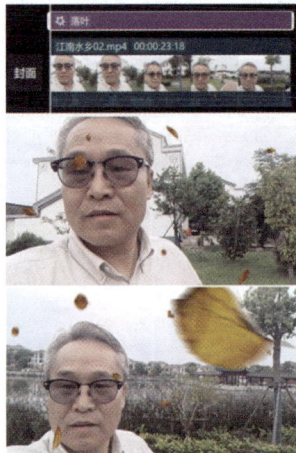

图7-48　"特效"列表　　　　图7-49　为视频添加"落叶"特效

（3）点击"人物特效"选项，展示各种特效类型。接着点击"电光眼"特效右下角的 ⊕ "添加"按钮，将该特效添加到视频中。调整特效时长，使其与视频长度一致，此时视频中的角色将呈现电光眼效果，如图7-50所示。

图7-50　"电光眼"特效

小贴士

选择添加的特效，在右侧属性面板中可以对特效进行调整，例如，选择"电光眼"特效，在右侧"特效参数"面板可以调整颜色、滤镜、强度、范围等相关参数，同时也可以设置关键帧，制作特效的关键帧动画，如图 7-51 所示。

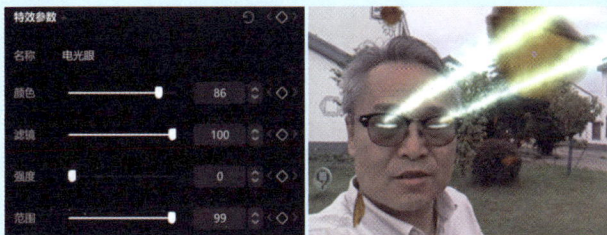

图 7-51　调整特效

7.3.2　案例引导——转场的应用方法

"转场"功能涉及视频画面在转换过程中的多种效果。通过应用转场效果，视频不仅能够变得更加生动多彩，还能使镜头之间的切换显得更加平滑自然。

新建草稿，将"菊花 10.jpg"至"菊花 14.jpg"5 个素材添加到主轨道，这是 5 幅菊花图片，画面之间过渡比较生硬，如图 7-52 所示。

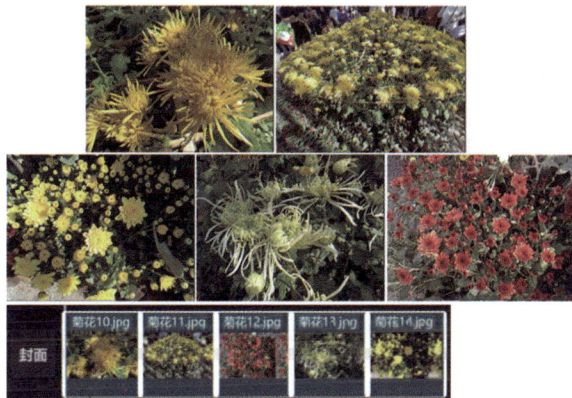

图 7-52　素材画面

接下来，我们将为各个画面之间添加转场效果，以使画面过渡更加自然和流畅。

【操作步骤】

（1）点击界面左侧的 ⊠ "转场"按钮，即可进入选项面板。在这里，您可以展开"转场效果"选项，查看多种不同类型的转场效果。每种类型的转场都提供了多种选择，例如"热门"类型的效果如图 7-53 所示。

图 7-53　转场效果

（2）将播放头定位至前两个画面的分界处，点击"叠化"类别中的"渐变擦除"转场效果右下角的 "添加"按钮，将该转场效果应用到两个视频片段之间。这样，在两个画面切换时，就会呈现出渐变擦除的视觉效果，如图 7-54 所示。

图 7-54 "渐变擦除"转场效果

（3）选择"转场效果"，在右侧属性面板调整转场的时长，单击下方的 应用全部 按钮，将该转场应用到轨道上的所有视频，如图 7-55 所示。

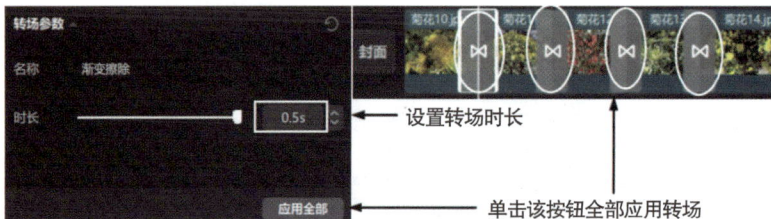

图 7-55 调整转场时长 / 应用全部

（4）再次播放视频，发现各画面之间有了渐变擦除的转场效果。

7.3.3 案例引导——贴纸的应用方法

"贴纸"是剪映专业版提供的丰富资源，包含数十类具有独特效果的素材类型。这些素材能够为您的视频画面增添非凡的特殊效果，比如突出显示视频中的特定对象、在特定时段为画面添加特殊提示，或者对画面中的对象施加特殊效果处理。每种类型都配备了多种贴纸供用户挑选使用，例如"情绪"类贴纸，如图 7-56 所示。

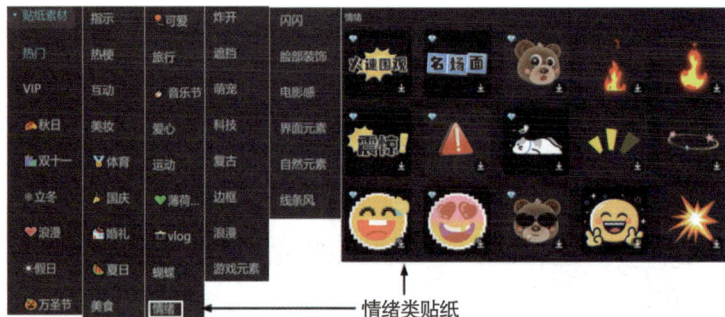

图 7-56 贴纸

这一节继续通过简单案例操作，学习使用"贴纸"的方法和技巧。

【操作步骤提示】

（1）新建草稿，将"黄菊花 08.mp4"素材添加到主轨道，这是一段很平常的菊花短视频，效果如图 7-57 所示。

图 7-57 菊花视频画面

下面我们为其添加贴纸，以丰富画面效果。

（2）点击界面左侧的 ⏺ "贴纸" 按钮，进入相应的面板。展开"贴纸素材"选项，在"蝴蝶"类别中挑选一个蝴蝶贴纸，并将其添加到贴纸轨道上。接着，调整贴纸的时长，使其与视频的时长相匹配，如图 7-58 所示。

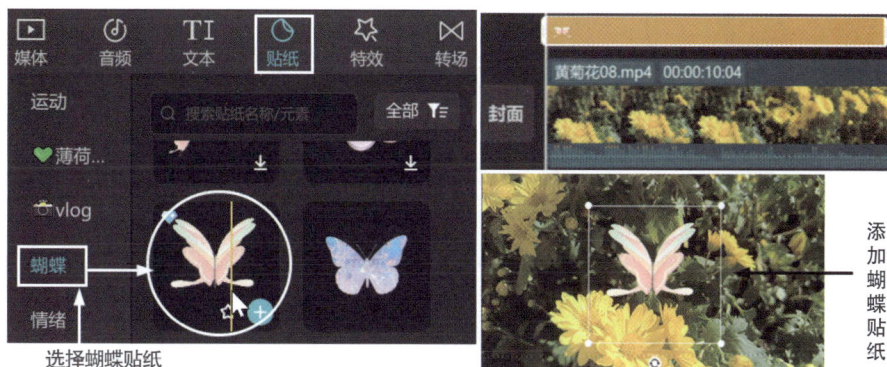

图 7-58 添加蝴蝶贴纸

（3）在播放器窗口中选择蝴蝶贴纸，接着在右侧属性面板的"位置"和"旋转"选项中分别添加关键帧。之后，拖动播放头播放视频，并根据画面内容调整贴纸位置至菊花花朵上，同时调整贴纸的旋转角度。通过这种方式，您可以在视频的不同时间段为贴纸设置位置关键帧，从而创建出位置关键帧动画，如图 7-59 所示。

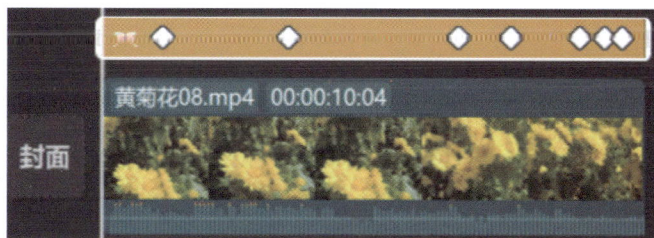

图 7-59 位置关键帧动画

（4）最后播放视频，发现蝴蝶贴纸会随着画面的播放，始终跟随在菊花花朵上，效果如图 7-60 所示。

图 7-60 贴纸效果

167

在实际操作中，用户可以根据视频画面效果的需求，选择适合的贴纸类型。由于篇幅限制，这里不再详细说明每个步骤。感兴趣的读者可以自行尝试进行操作。

7.3.4 案例引导——滤镜的应用方法

剪映专业版中的"滤镜"类似于 Photoshop 中的"滤镜"功能，包括"风景""影视色调""人物""秋日""相机模拟""夜景""风格化""最新""复古胶片""影视级""冬日""基础""户外""室内""黑白"等类型的滤镜。每一种类型的滤镜都提供了多个滤镜效果，可以对画面进行各种效果处理，例如"风景"类效果就多达 100 多种，如图 7-61 所示。

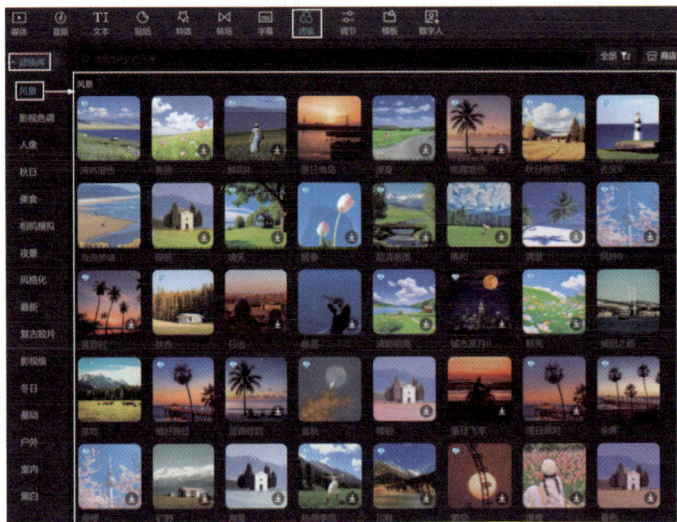

图 7-61　风景类滤镜

新建草稿，将"海边风情.mp4"素材添加到主轨道，这是一段女孩在海滩嬉戏的短视频，画面色彩有点暗淡，效果如图 7-62 所示。

图 7-62　短视频画面

接下来，我们将为这段短视频应用滤镜效果。

【操作步骤提示】

（1）在界面左侧单击 🎨 "滤镜"按钮进入其面板，展开"秋日"选项，在"日出"类型选择"日出"滤镜，将其添加到轨道，并调整其时长与视频时长相当，如图 7-63 所示。

图 7-63　添加滤镜

（2）在右侧属性面板调整滤镜的"强度"值，值越大效果越明显，反之效果不明显，随后播放视频，发现视频画面显示日出的霞光色彩，如图 7-64 所示。

图 7-64 "日出"滤镜效果

用户也可以为视频画面叠加多个滤镜效果。

（3）继续在"人像"类型选择"高清"滤镜，将其添加到"日出"滤镜的上方轨道，并调整其时长与视频时长相当，如图 7-65 所示。

图 7-65 添加"高清"滤镜

（4）在右侧属性面板调整滤镜的"强度"值，值越大效果越明显，反之效果不明显，之后播放视频，发现视频画面中的人物更清晰了，效果如图 7-66 所示。

图 7-66 "高清"滤镜效果

7.3.5 练习——"风云变幻"短视频效果剪辑

剪映专业版集成了丰富的特效、转场、贴纸和滤镜，让用户能够轻松地对视频画面施加各种效果。

创建新草稿，并将"海鸥 04.mp4"素材导入主轨道。这是一段展现海边风光的短视频，视频内容看起来平凡，画面色调甚至略显暗淡，如图 7-67 所示。

图 7-67　视频画面效果

在本节中，我们将通过剪映专业版的"特效"和"滤镜"功能，创建一个"风云变幻"的短视频效果。具体来说，视频将展示从晴朗到阴沉的转变，随后逐渐出现雪花飘落，雪势逐渐加大，形成一场猛烈的暴风雪。经过一段时间，暴风雪逐渐减弱，天空开始放晴，最终阳光灿烂。鉴于篇幅限制，详细的操作步骤请参考视频讲解。

【操作步骤提示】

（1）创建天空渐变昏暗的效果。在第 0 帧选取所需素材，并在"调节"选项中添加一个关键帧，参数保持默认设置。接着，在 5s 的位置再次在"调节"选项中添加一个关键帧，并调整色温、色调、饱和度等参数，使画面色调变冷、变暗，从而制作出画面效果逐渐变化的效果，如图 7-68 所示。

图 7-68　画面变换效果

（2）开始制作飘雪效果。在 5s 时，在"特效"菜单下的"自然"类别中选择"雪花"特效，并将其时长设定为 3s。在第 0 帧处添加一个关键帧，并将"氛围"参数设置为 0。然后，在第 20 帧处添加另一个关键帧，并将"氛围"参数调整为 100。通过这种方式，可以创建一个逐渐开始飘落雪花的效果，如图 7-69 所示。

图 7-69　开始飘雪花特效

（3）制作初雪飘落的效果。在"雪花"特效的第 20 帧处继续添加"初雪I"特效，确保其起始点与"雪花"特效相重合，如图 7-70 所示。

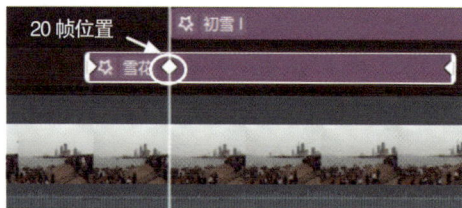

图 7-70　添加"初雪I"特效

（4）将"初雪I"特效的持续时间设定为 10s，并在 0 帧以及 3s 处分别添加关键帧。随后，将 0 帧的特效参数全部调整为 0，从而实现从"雪花"特效逐渐过渡到"初雪I"特效的下雪效果，如图 7-71 所示。

图 7-71　开始下小雪

（5）在"初雪 I"特效的 9s 位置再次添加"大雪纷飞"的特效，并调整其结束点与"初雪 I"特效的结束点对齐。然后在该特效的 0 帧添加关键帧，设置其"不透明度"为 0，在 2s 位置再次添加关键帧，并设置其"不透明度"为 100，制作出从小雪到大雪的效果，如图 7-72 所示。

图 7-72　小雪到大雪

（6）在"初雪 I"特效的 13s 位置为该特效和"大雪纷飞"特效各添加关键帧，之后在这两个特效的末尾再添加关键帧，并设置末尾关键帧的参数均为 0，使这两个特效慢慢结束，制作出雪慢慢停下来的效果，如图 7-73 所示。

图 7-73　雪慢慢停了

（7）在"初雪 I"特效的 13s 位置和视频末尾，分别为视频素材的"调节"功能添加一个关键帧。随后，调整末尾关键帧的参数，将原本阴沉的视频画面效果转变为晴朗天空的暖色调，从而制作出雪停天晴的效果，如图 7-74 所示。

图 7-74　雪停天晴的效果

（8）在"雪花"特效的结尾继续添加"蒸汽腾腾"特效，在"初雪"特效的末尾追加"晴天光线"特效，在"大雪纷飞"特效的尾部增加"雾气光线"特效，以创造出雪后天晴、雾气缭绕、阳光自天际洒落的效果，如图 7-75 所示。

图 7-75　雪后天晴、雾气缭绕、阳光自天际洒落的效果

（9）"风云变幻"的短视频效果制作完毕，播放视频，效果如图 7-76 所示。

图 7-76 "风云变幻"短视频效果

08

第8章

剪映短视频剪辑
大制作

本章导读

　　在先前章节的学习过程中，读者已经获得了剪映专业版的众多知识和技能。本章将通过一系列综合案例，全面展示剪映专业版在短视频剪辑领域的强大功能和广泛应用。从卡点脉动开场到各类创意效果，读者将在实践中巩固所学，提升综合创作能力，创作出更具个性和魅力的短视频作品。

▶ **本章学习内容**

　·动感节奏：卡点脉动开场

　·视觉分裂艺术：分屏创意启幕

　·卡点与分屏的完美结合：动态视觉盛宴

　·书页翻飞的魅力：翻页律动开场

　·深邃空间感：连续推拉镜头之旅

　·艺术字的艺术：镂空文字奇幻启程

　·墨韵悠长：泼墨效果诗意开启

　·科技遇见未来：科技之光闪耀登场

　·如梦似幻：烟雨缥缈意境初现

　·古韵新风：水墨卷轴故事展开

　·星尘散落：粒子消散梦幻启幕

　·大银幕梦想：电影级视觉体验

　·光影交错：扫光炸开震撼开场

8.1 动感节奏：卡点脉动开场

在本节中，我们将创作一个脉搏跳动的卡点视频特效。随着音乐的节奏，画面将呈现出脉搏跳动的同步效果，营造出一种愉悦的氛围。由于篇幅所限，详细操作过程请读者观看视频讲解。

卡点脉动开场效果如图 8-1 所示。

图 8-1　卡点脉动开场效果

【操作步骤提示】

（1）在主轨道添加"小猫咪 .jpg"素材，然后将其复制 2 个到副轨道，如图 8-2 所示。

（2）选取最上方轨道中的素材，进入"调节">"曲线"选项，关闭"绿色"和"蓝色"通道，仅保留"红色"通道。随后，在"图像">"基础">"混合"选项中，将混合模式设置为"滤色"，其他参数保持默认设置。完成这些步骤后，画面如图 8-3 所示。

图 8-2　轨道素材效果

图 8-3　红色通道颜色

（3）使用相同的方法，继续将第 2 轨道上的素材的"红色"和"蓝色"通道关闭，只保留"绿色"通道。最后在"图像">"基础">"混合"选项设置其混合模式为"滤色"模式，将主轨道上的素材的"红色"和"绿色"通道关闭，只保留"蓝色"通道，效果如图 8-4 所示。

图 8-4　绿色通道和蓝色通道颜色

（4）选择一首节奏感较强的音乐添加到音频轨道，根据音乐节奏，在音乐峰值时在最上方轨道上的素材上添加关键帧，并设置其"缩放"比例，如图 8-5 所示，使其随着音乐节奏出现放大和缩小的效果，这样就完成了节奏明快的卡点效果的制作。

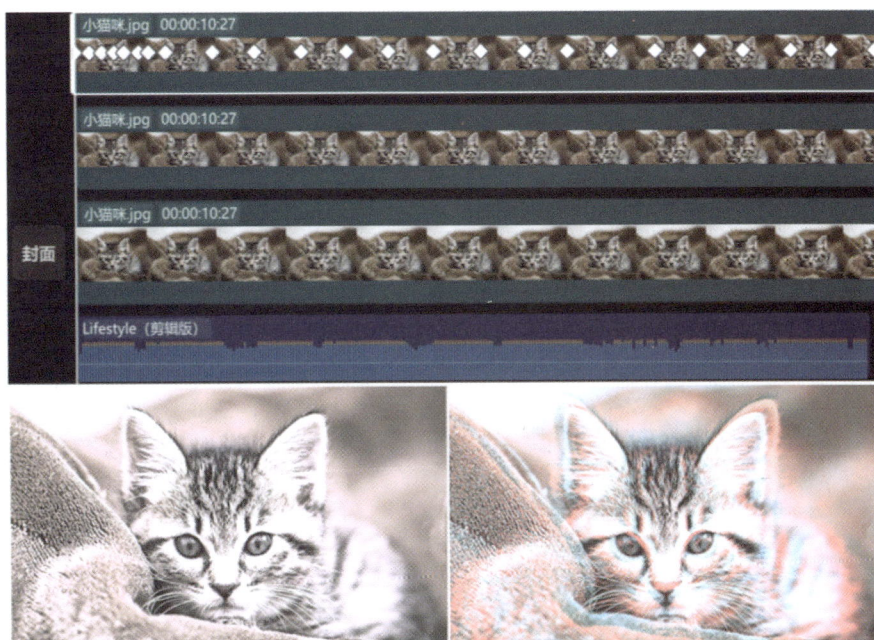

图 8-5　根据音乐节奏调整素材缩放比例

8.2　视觉分裂艺术：分屏创意启幕

这一节我们制作画面以分屏效果逐步出现的分屏特效，详细操作过程请读者观看视频讲解文件。分屏特效如图 8-6 所示。

图 8-6　分屏特效

【操作步骤提示】

（1）设置场景比例为 16 : 9，在主轨道添加"菊花 15.jpg"的图片素材，将其缩放 133%，使其适配场景画面，然后为其添加"镜面蒙版"，并将其旋转 90°，设置"宽度"为 900，将其移动到场景左边位置，如图 8-7 所示。

（2）将该素材复制，然后在副轨道向右 5 帧的位置将其粘贴，并在场景中将其向右移动，使其与主轨道素材排列，效果如图 8-8 所示。

图 8-7　素材位置

图 8-8　素材排列效果

（3）使用相同的方法继续在其他 3 个副轨道的 10 帧、15 帧和 20 帧处粘贴素材，并将其整齐排列，如图 8-9 所示。

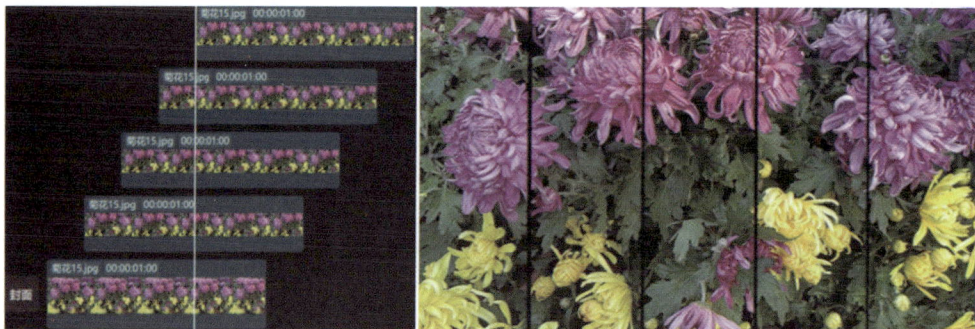

图 8-9　素材排列效果

（4）分别为各轨道上的素材选择"向左滑动"的入场动画，设置动画时长均为 0.2s，这样就制作出了依次出现的分屏动画，效果如图 8-10 所示。

图 8-10　分屏动画

（5）为每个轨道素材添加"嘚"的音效，调整音效的时长使其与每个分屏画面出现的时长相同，然后将 4 个副轨道上的素材沿主轨道末尾位置向右裁剪。

（6）继续将"菊花 15.jpg"的素材添加到主轨道素材的后面，为其选择名为"雨刷"的入场动画和"嘚"的音效，最后在场景中输入文本"九九菊花展"，为其添加"放大"的入场动画以及"水墨晕开"的出场动画，制作出文字动画与音效效果，如图 8-11 所示。

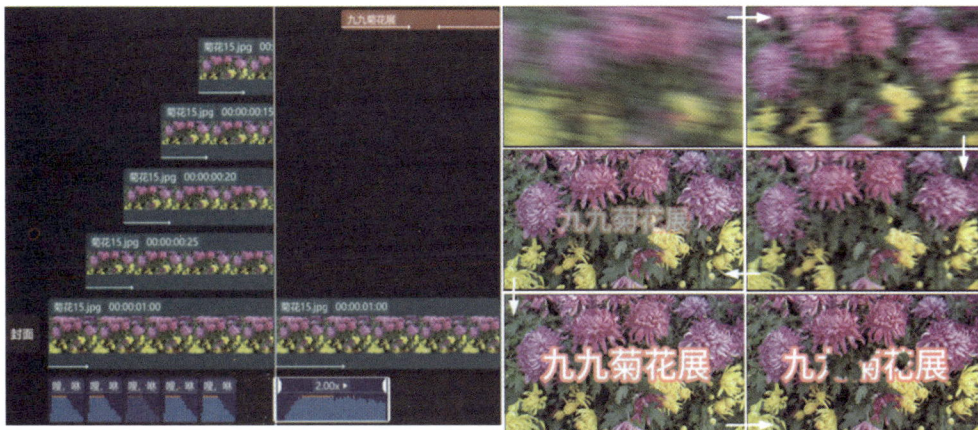

图 8-11　音效与文字效果

（7）这样就完成了分屏视频特效的制作。

8.3　卡点与分屏的完美结合：动态视觉盛宴

这一节我们继续来制作卡点分屏视频特效。随着音乐节奏，画面出现卡点分屏效果，详细操作过程请读者观看视频讲解文件。

卡点分屏视频特效如图 8-12 所示。

图 8-12　卡点分屏视频特效

【操作步骤提示】

（1）设置场景比例为 16∶9，在主轨道添加"晚霞 10.jpg"的图片素材，将其缩放 133%，使其适配场景画面，然后为其添加"镜面蒙版"，并旋转 90°，设置"宽度"为 410，将其移动到场景左边位置，最后为其添加"向上滑动"的入场动画，设置动画时长为0.2s。

（2）添加卡点音乐并标记卡点，然后根据音乐的卡点在素材前面添加一段黑场的素材，使素材的起点刚好位于第1个卡点上，再调整素材的长度使其末尾位于第6个卡点上，如图8-13所示。

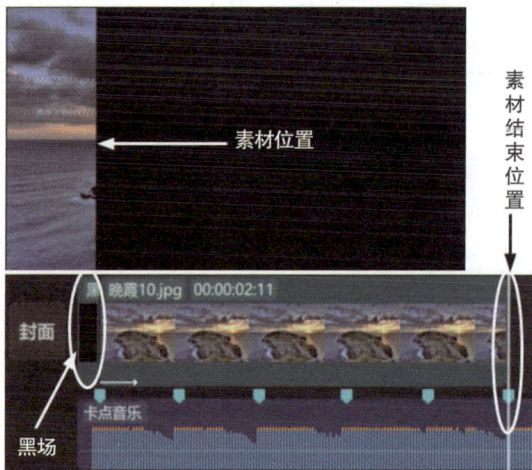

图8-13　添加素材与卡点音乐

（3）将该素材复制，再将其一一粘贴在副轨道中，使其开始位置与各卡点对齐，之后调整素材的位置，使其并排排列在场景中，效果如图8-14所示。

图8-14　粘贴并排列素材

（4）将副轨道上的素材沿主轨道素材的末尾分割，然后在主轨道素材的末尾位置添加一段黑场，根据卡点设置其时长，然后在黑场素材后面添加"晚霞09.jpg"的素材。

（5）继续将副轨道上的素材沿主轨道黑场素材的末尾再次分割，将分割后的素材继续进行分割和裁剪，然后使用"晚霞05.jpg"素材替换分割和裁剪后的素材，再根据音乐卡点调整这些素材的结束位置，制作画面随音乐卡点逐渐消失的效果，如图8-15所示。

图8-15　分割并替换素材

（6）将替换掉素材的所有素材再次复制并粘贴到轨道后面，然后再次使用"晚霞 08.jpg"素材替换原来的素材，并根据音乐卡点调整素材的时长，如图 8-16 所示。

图 8-16　再次复制并替换素材

（7）这样就制作完成了卡点分屏视频特效。

8.4　书页翻飞的魅力：翻页律动开场

这一节我们继续来制作卡点翻页视频特效，该效果同样是随着音乐节奏，画面出现卡点翻页显示效果。由于篇幅有限，详细操作过程请读者观看视频讲解文件。

卡点翻页视频特效如图 8-17 所示。

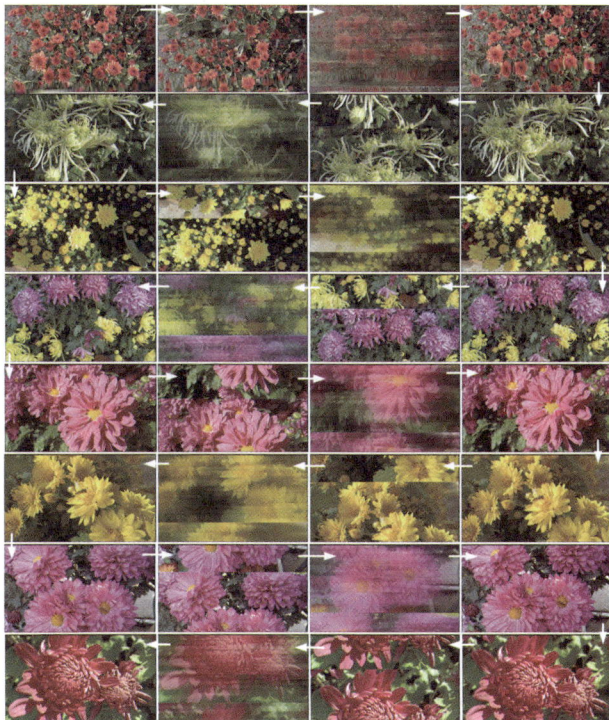

图 8-17　卡点翻页视频特效

【操作步骤提示】

（1）设置场景分辨率为16∶9，在主轨道添加"菊花12.jpg"素材，设置其"缩放"为133%，使其大小与场景大小一致，然后调整其时长为15帧，再将其复制并粘贴到副轨道。

（2）在副轨道素材的0帧的"位置"选项添加关键帧，设置"位置"的"Y"值为2515，将素材调整到场景外，如图8-18所示。

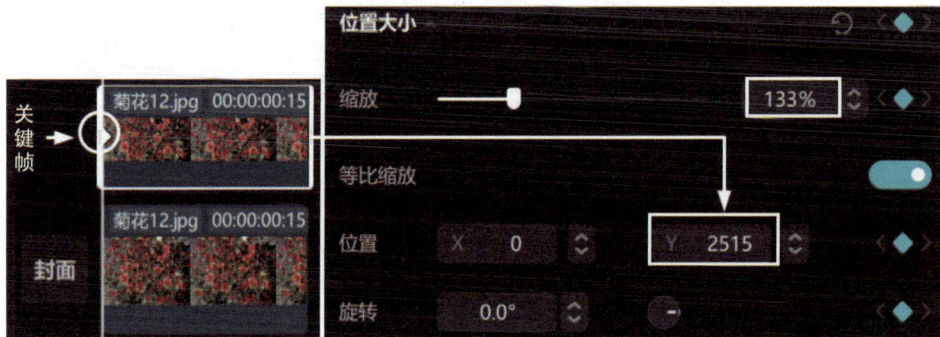

图8-18　副轨道素材的位置

（3）在该素材的末尾再次在"位置"选项添加关键帧，设置"Y"值为0，使画面向下移动并全部在场景中显示。

（4）在主轨道素材的0帧"位置"选项添加关键帧，设置其"Y"值为0，在其末尾的"位置"选项添加关键帧，设置"Y"值为–2700，将主轨道素材向下移动到场景外，这样就形成了两幅画面首尾相连出现的效果，如图8-19所示。

图8-19　主、副轨道画面

（5）在副轨道素材下移到场景三分之一位置时添加名为"动感模糊"的特效，并调整其结束位置至素材完全出现后的位置，这样就形成了一种翻页时才会有的残影效果，如图8-20所示。

图8-20　画面残影效果

（6）添加一种翻书音效，并调整其"变速"为1.7x，最后将音效、特效连同主、副轨道上的素材全部复制并粘贴7组，然后使用"菊花13.jpg"至"菊花19.jpg"素材替换，效果如图8-21所示。

图 8-21　复制并替换素材

（7）这样就完成了卡点翻页视频特效的制作。

8.5　深邃空间感：连续推拉镜头之旅

连续推拉镜头是一种画面效果，通过连续的推近和拉远动作，创造出一种忽远忽近的视觉体验，带给人眩晕而梦幻的感觉。在本节中，我们将学习如何制作这种引人入胜的视频特效。鉴于篇幅限制，具体的制作步骤请看视频讲解。

连续推拉镜头效果如图 8-22 所示。

图 8-22　连续推拉镜头效果

【操作步骤提示】

（1）新建草稿，设置场景比例为16∶9，在主轨道添加"晚霞.jpg"素材，设置其"缩放"为133%，使其与场景匹配，然后调整其时长为15帧。

（2）在0帧和末尾位置在"缩放"选项添加关键帧，并设置其参数分别为133%和300%，使画面形成逐渐放大的效果，如图8-23所示。

图8-23　画面逐步放大

（3）继续在0帧、5帧和末尾分别在"不透明度"选项添加关键帧，并分别设置其参数为0、100%和0，使画面形成"透明"—"不透明"—"透明"的效果，如图8-24所示。

图8-24　画面透明度变化效果

（4）根据效果需要，将制作好关键帧效果和不透明度效果的素材复制，然后在主轨道粘贴5个，在副轨道粘贴5个，最后使用其他素材逐一替换。并调整副轨道素材，使其开始位置位于5帧（主轨道第1个素材的不透明度为100%）的位置，这样就形成了推镜头的效果，如图8-25所示。

图8-25　粘贴与替换素材

（5）将主轨道和副轨道上的素材复制并粘贴在轨道后面，再分别将各素材的"缩放"关键帧的100%参数值修改为300%，将300%参数值修改为100%，这样就形成了拉镜头的效果，如图8-26所示。

图8-26　复制、粘贴素材并修改缩放值

（6）再次将粘贴的素材使用其他素材替换，再分别为推镜头和拉镜头添加合适的音乐素材，完成连续推拉镜头视频特效的制作。

8.6 艺术字的艺术：镂空文字奇幻启程

镂空文字效果是指通过文字的轮廓展示背后的图像，本节我们将学习如何创建这样一个具有镂空文字效果的视频特效。由于篇幅所限，详细操作过程请读者观看视频讲解。

镂空文字视频特效如图 8-27 所示。

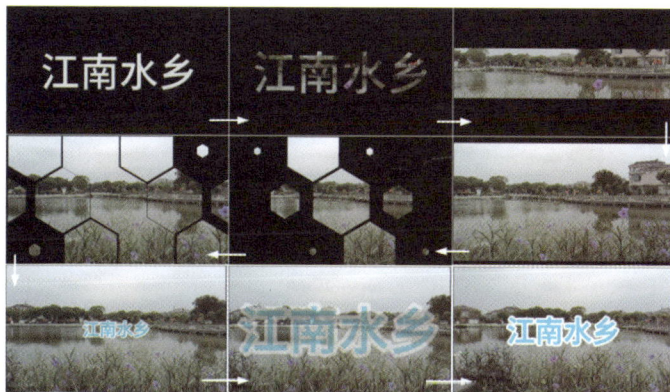

图 8-27　镂空文字视频特效

【操作步骤提示】

（1）首先在场景中制作白色的文字，然后将其导出为素材备用，如图 8-28 所示。

（2）在主轨道添加黑场，将"江南水乡 03.mp4"的视频素材添加到主轨道的黑场素材后面，添加两次备用的文字素材到副轨道，调整第 1 段文字素材的时长与黑场素材时长相等，第 2 段文字素材的时长不变，如图 8-29 所示。

图 8-28　文字素材

图 8-29　添加素材的效果

（3）设置第 2 段文字素材的"混合"模式为"正片叠底"模式，然后再添加"线性"蒙版，使其出现镂空文字效果，文字镂空位置显示江南水乡的画面，如图 8-30 所示。

（4）在 0 帧、00:00:02:15 和末尾处，分别在蒙版的"位置"选项添加关键帧，并设置末尾时的"位置"选项的"Y"参数，向上打开蒙版，慢慢显示上半部分的画面，如图 8-31 所示。

图 8-30　镂空文字效果

图 8-31　打开蒙版显示上半部分画面

（5）将第 2 段文字复制并粘贴到第 2 副轨道，并使其与第 1 副轨道的第 2 段文字对齐，然后将其线性蒙版翻转，并设置末尾时的"位置"选项的"Y"参数，向下打开蒙版，显示下半部分画面，如图 8-32 所示。

（6）继续在第 2 段文字素材后面添加"转场素材"中的一种六边形图块的黑幕素材，设置其混合模式为"颜色加深"，使画面以六边形图块的方式显示，如图 8-33 所示。

图 8-32　打开蒙版显示下半部分画面　　　　图 8-33　显示六边形画面效果

（7）最后再次输入"江南水乡"的文本，制作文本由小到大显示的动画，完成镂空文字视频特效的制作，如图 8-34 所示。

图 8-34　镂空文字动画

8.7　墨韵悠长：泼墨效果诗意开启

所谓的"泼墨"效果，是指画面呈现出如同泼洒墨水般扩散的视觉效果，营造出一种充满艺术气息的视觉体验。在本节中，我们将学习如何制作具有这种效果的视频特效。由于篇幅所限，详细操作过程请读者观看视频讲解文件。

泼墨效果视频特效如图 8-35 所示。

图 8-35　泼墨视频特效

【操作步骤提示】

（1）首先在场景中制作白色的文字，然后将其导出为素材备用，如图 8-36 所示。

（2）在主轨道添加"江南水乡 01.mp4"的视频素材，在副轨道添加备用的文字素材，然后调整其混合模式为"滤色"模式，就可以去除文字的黑色背景，如图 8-37 所示。

图 8-36 备用文字素材

图 8-37 调好文字混合模式后的效果

（3）为文字素材添加"渐显"的入场动画和"旋转"的出场动画，效果如图 8-38 所示。

图 8-38 文字素材的入场和出场动画

（4）在素材库中搜索"水墨转场素材"，然后选择喜欢的转场素材，将其添加到文字素材后面，并设置其"混合"模式为"滤色"模式，这样水墨画面黑色部分就可以显示视频画面了，效果如图 8-39 所示。

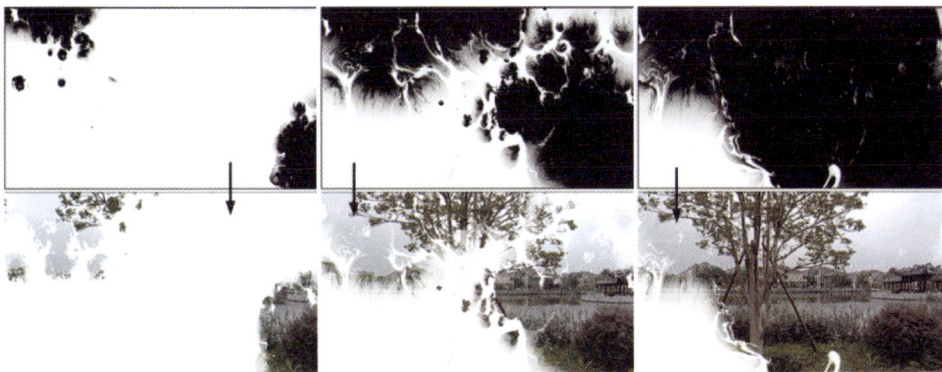

图 8-39 水墨转场效果

（5）最后为场景选择一个合适的背景音乐，完成泼墨视频特效的制作。

8.8 科技遇见未来：科技之光闪耀登场

这一节我们继续来制作"科技之光"视频特效，由于篇幅所限，详细操作过程请读者观看视频讲解。"科技之光"视频特效如图 8-40 所示。

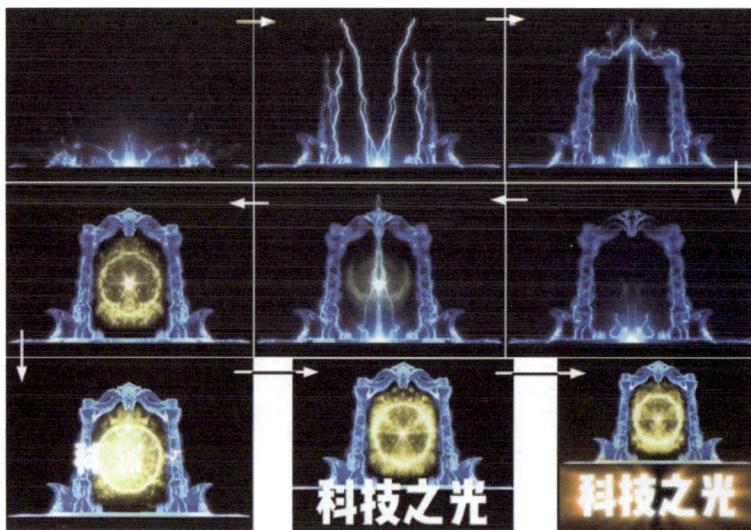

图 8-40 "科技之光"视频特效

【操作步骤提示】

（1）创建一个 9∶16 的场景，在剪映专业版的素材库中搜索"水幕炫酷素材"，接着挑选一个充满科技感的炫酷视频素材，并将其添加到轨道中。其效果展示如图 8-41 所示。

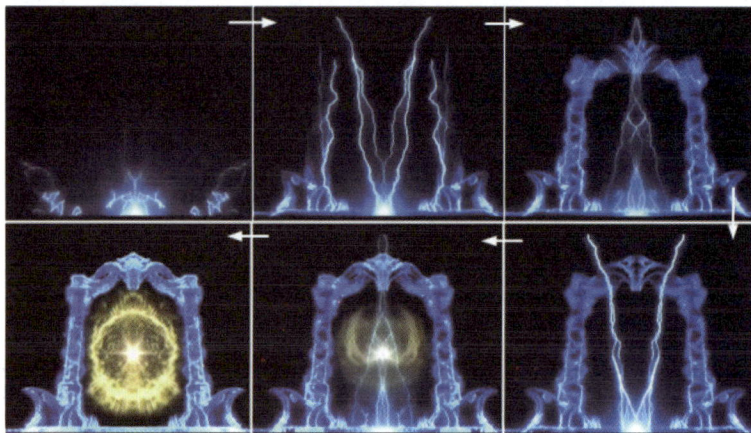

图 8-41 素材效果

（2）在素材的 00:00:06:25 位置插入"科技之光"的横排白色文字，并确保文字的结束位置与科技动画的结束位置保持一致。随后，为该文字添加"金粉飘落"的入场动画效果，入场动画的持续时间设定为 1.2s。

（3）在动画的起始帧和第 15 帧（素材的第 7 秒 10 帧）处，分别在"缩放"属性上添加两个关键帧。设定起始帧的"缩放"值为 0%，而第 15 帧（素材的第 7 秒 10 帧）的"缩放"值为 150%。通过这种方式，创建一个文字从小到大逐渐放大的效果，如图 8-42 所示。

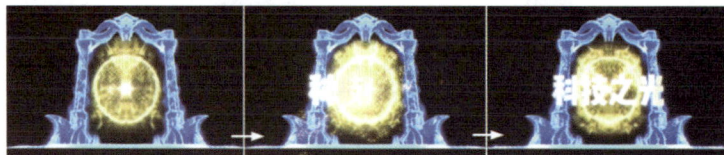

图 8-42 文字入场动画

（4）在 00:00:08:00 和 00:00:08:20 处，分别为文字的"缩放"和"位置"选项添加关键帧，并在 00:00:08:20 处将文字向下移动到科技动画的下方，制作文字向下移动的动画，如图 8-43 所示。

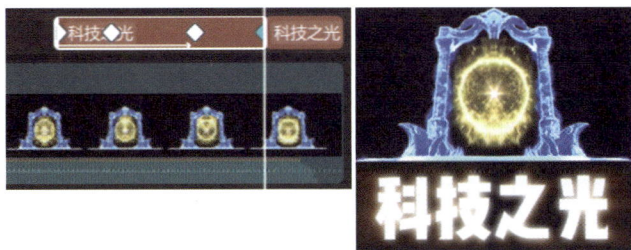

图 8-43　裁剪素材并移动文字位置

（5）将文字素材在 00:00:08:20 处裁剪成两部分，接着为第二部分文字素材添加"发光"效果。在动画的起始帧和 10s 处分别添加两个关键帧。0 帧的"颜色"设置为橘红色，同时"强度"和"范围"参数均设为 10。而 10s 位置的"颜色"保持为橘红色，但将"强度"和"范围"参数调整至 55，以此创建文字的发光效果，如图 8-44 所示。

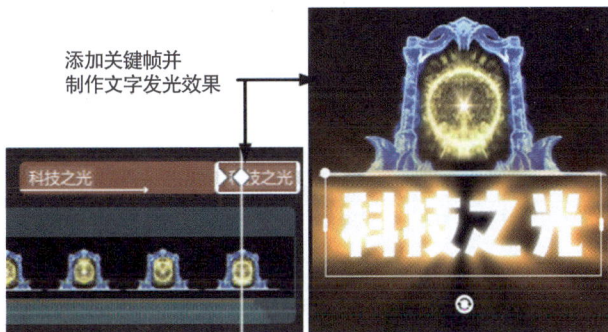

添加关键帧并制作文字发光效果

图 8-44　设置文字的发光效果

（6）继续在"发光"的 15 帧和末尾添加关键帧，修改其"强度"和"范围"参数均为 10，使发光效果逐渐消失，这样就完成了"科技之光"视频特效的制作。

8.9　如梦似幻：烟雨缥缈意境初现

这一节我们继续来制作"烟雨缥缈"的视频特效。随着背景动画中缓缓升起的烟雾，文字"烟雨缥缈"飘忽闪现地进入画面左侧，然后不断变换颜色，最后急速上升飞出场景，呈现一种缥缈的烟雾效果。由于篇幅所限，详细操作过程请读者观看视频讲解。

"烟雨缥缈"视频特效如图 8-45 所示。

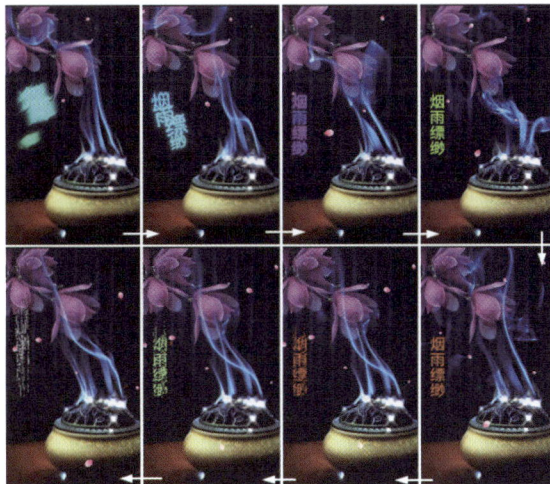

图 8-45　"烟雨缥缈"视频特效

【操作步骤提示】

（1）新建9:16的场景，在剪映专业版素材库搜索"水幕炫酷素材"，然后找到如图8-46所示的视频素材，将其导入轨道。

图8-46　素材效果

（2）为该素材添加"渐显"的入场动画，然后在00:00:01:05处画面左侧输入"烟雨缥缈"的竖排文字，然后为其添加"故障闪动"的入场动画和"向上溶解"的出场动画，效果如图8-47所示。

图8-47　文字的入场和出场动画

（3）最后在文字"颜色"的不同时间点添加关键帧，并设置不同的颜色，制作文字的变色动画，完成"烟雨缥缈"视频特效的制作。

8.10　古韵新风：水墨卷轴故事展开

卷轴展开显示水墨山水画，随即文字飞入画面并显示发光效果，随后山水画随卷轴一同卷起。这一节我们就来制作这样一个视频特效。由于篇幅所限，详细操作过程请读者观看视频讲解。

"水墨卷轴"视频特效如图8-48所示。

图8-48　"水墨卷轴"视频特效

【操作步骤提示】

（1）新建16:9的场景，在剪映专业版素材库搜索"水墨素材开场"，找到卷轴的动画素材，将其导入主轨道，如图8-49所示。

图 8-49　素材效果

（2）继续在剪映专业版素材库搜索"水墨山水画素材"，选择满意的山水画素材将其导入副轨道，使其与卷轴对齐，然后播放视频将画轴打开，根据画轴调整山水画的大小并使其位于画轴中心，如图 8-50 所示。

图 8-50　调整山水画大小

（3）为画轴素材添加"渐显"的入场动画，为山水画素材添加镜像蒙版，将蒙版旋转 90°，然后在 20 帧时为"大小"选项添加关键帧，设置其参数为 1，将蒙版关闭，播放视频到画轴完全打开的时间点（5s 位置），再次在"大小"选项添加关键帧，并将蒙版完全打开，这样，山水画就会随着画轴打开缓缓展现，效果如图 8-51 所示。

图 8-51　画轴打开的过程

（4）在画轴完全打开后（5s）时输入"寄情山水"的横排文字，为其添加"缩小"的入场和出场动画，设置入场动画时长为 2s，设置出场动画的时长为 0.5s，制作文字动画，效果如图 8-52 所示。

图 8-52　文字的入场和出场动画

（5）最后将画轴和山水素材复制并粘贴在素材后面，然后设置画轴和山水素材倒放，制作画轴再次卷起来的效果，完成水墨画轴视频特效的制作。

8.11　星尘散落：粒子消散梦幻启幕

这一效果呈现的是文字在画面中浮现，随后伴随着粒子的逐渐消散，文字也渐渐隐去。由于篇幅所限，详细操作过程请读者观看视频讲解。

粒子消散视频特效如图 8-53 所示。

图 8-53　粒子消散视频特效

【操作步骤提示】

（1）新建 16∶9 的场景，导入"江南水乡 .jpg"的本地素材到主轨道，然后在剪映专业版素材库搜索"粒子消散"素材，找到一个黑白粒子消散的动画素材，将其导入副轨道备用，如图 8-54 所示。

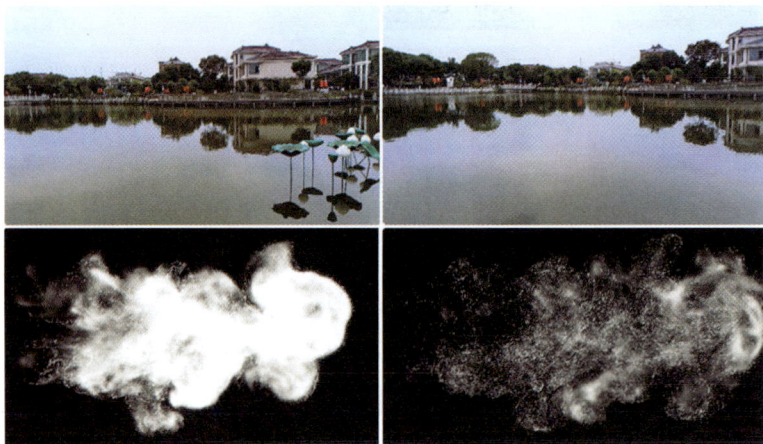

图 8-54　素材效果

（2）在 10s 处，将江南水乡素材分割为两段视频，并移除第二段视频。随后，在 2s 处插入横排文字"江南水乡美如画"，并调整文字的结束时间，使之与水乡素材的结束时间相匹配。接着，挑选合适的字体、颜色和字号，并为该文字添加"开幕"入场动画，动画时长设定为 2s。此外，还需添加"羽化向右擦除"出场动画，时长设定为 4s。具体效果可参考图 8-55。

图 8-55　文字入场动画和出场动画

（3）为文字施加"描边"效果，随后在"颜色"选项的各个关键时间点添加关键帧，并赋予不同的色彩，以创建文字颜色渐变的效果，如图 8-56 所示。

图 8-56 文字颜色变换

（4）调整粒子动画素材的开始时间，与文字的出场动画开始时间对齐，设置其"混合"模式为"变亮"，以去除黑色背景，效果如图 8-57 所示。

图 8-57 去除粒子黑色背景

（5）为水乡素材添加"渐显"入场动画，设置时长为 1.5s，添加"渐隐"出场动画，设置时长也为 1.5s，最后再选择合适的背景音乐，完成粒子消散视频特效的制作。

8.12 大银幕梦想：电影级视觉体验

随着电影放映机的启动，屏幕上呈现出蓝色和红色粒子翻滚的动画。当片头播放完毕，文字便从屏幕边缘缓缓移至中央，并散发出耀眼的光芒。由于篇幅所限，详细操作过程请读者观看视频讲解。

电影效果视频特效如图 8-58 所示。

图 8-58 电影效果视频特效

【操作步骤提示】

（1）新建 16∶9 的场景，在剪映专业版素材库搜索"胶片转场"素材，找到放映机和粒子动画素材，如图 8-59 所示。

图 8-59　放映机与粒子动画素材

（2）将放映机添加到主轨道，将粒子动画添加到副轨道，使其开始位置位于 2s 处，然后调整其"缩放"为 40%，"位置"的"X"值为 723，"Y"值为 276，使其位于放映机屏幕中间位置，如图 8-60 所示。

图 8-60　粒子动画素材设置

（3）为这两个素材添加"渐显"入场动画和"渐隐"出场动画，然后设置粒子素材的"渐显"时长为 1s，"渐隐"时长为 2.5s，放映机的"渐显"时长为 1.8s，"渐隐"时长为 5.5s。

（4）在 00:00:06:27 处输入"冰与火"的文字，选择合适字体、并在 0 帧时为"缩放"选项添加关键帧，设置参数为 1%，在"位置"选项也添加关键帧，设置"X"参数为 820，"Y"参数为 311，使文字位于电影屏幕中间位置。

（5）在 00:00:07:15 处再次为"缩放"选项添加关键帧，设置参数为 80%，将文字放大，然后在 00:00:09:09 处将文字裁剪为两段，在第 1 段文字的不同时间点在"颜色"选项添加多个关键帧，并设置不同的颜色，制作文字的变色效果，如图 8-61 所示。

图 8-61　文字变色效果

（6）为第 2 段文字添加"呐喊声波"入场动画，并在其开始位置和 10s 位置为"缩放"选项添加关键帧，并设置 10s 时的"缩放"参数为 500%，制作文字的入场动画，效果如图 8-62 所示。

图 8-62　文字的入场动画

（7）继续将第 2 段文字在 10s 处裁剪为两段，为第 2 段文字添加"缤纷冲屏"的入场动画，设置时长为 2s，再添加"闭幕"的出场动画，设置时长为 1s，制作该文字的入场和出场动画，效果如图 8-63 所示。

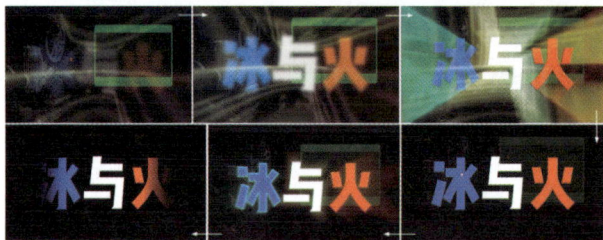

图 8-63　文字的入场和出场动画

（8）最后在合适位置放置一段音效，以增加场景氛围和效果，完成电影效果视频特效的制作。

8.13　光影交错：扫光炸开震撼开场

文字随着爆炸的火球飞出，当火焰消散后，文字表面展现出金属质感的扫光效果，紧接着文字爆炸般地消失。由于篇幅所限，详细操作过程请读者观看视频讲解。

扫光炸开视频特效如图 8-64 所示。

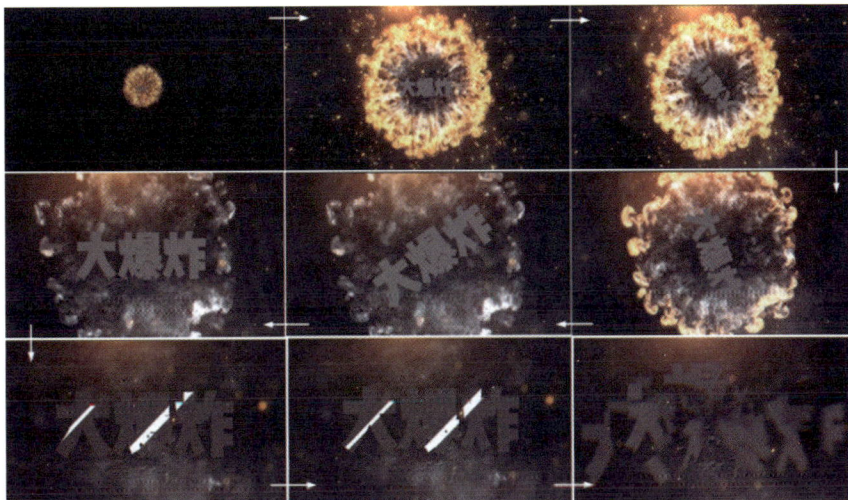

图 8-64　扫光炸开视频特效

【操作步骤提示】

（1）新建 16:9 的场景，分别输入"大爆炸"的灰色文字和白色文字，并分别将其输出，作为素材备用。

（2）在剪映专业版素材库搜索片头素材，找到一个大气火焰粒子的素材，将其添加到主轨道，如图 8-65 所示。

图 8-65　大气火焰粒子素材

（3）将灰色文字素材添加到副轨道，设置其混合模式为"变亮"，取消其黑色背景。接下来调整其时长为 00:00:03:15，然后在 0 帧处为其"缩放"和"平面旋转"选项添加关键帧，并设置"缩放"参数为 1%，"平面旋转"参数为 0。在末尾粒子炸开时再次为"缩放"和"平面旋转"选项添加关键帧，并设置"缩放"参数为 100%，"平面旋转"参数为 360°，使文字随爆炸发生旋转着从爆炸中心飞出，如图 8-66 所示。

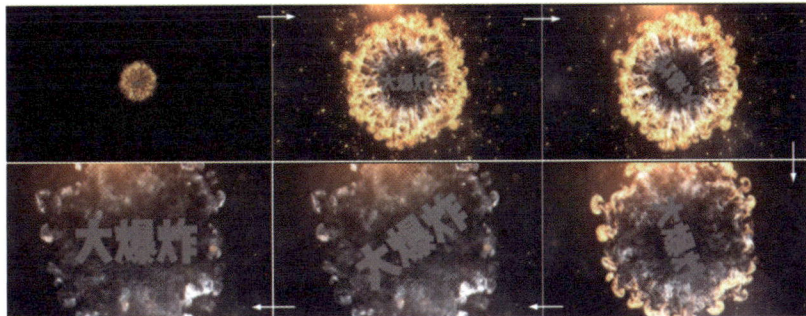

图 8-66　文字效果

（4）再次将灰色文字添加到该轨道文字素材的后面，再将白色文字添加到该文字的上方轨道，使二者末尾对齐，之后设置其混合模式为"变亮"，去除其黑色背景，如图 8-67 所示。

图 8-67　添加文字素材

（5）为白色文字添加"镜像"蒙版，设置其"旋转"角度为135°，"大小"为"宽55"，之后在该素材的 0 帧处将蒙版移动到灰色文字左上角位置，在 00:00:04:25 处将蒙版移动到灰色文字右下角位置，这样就形成了白色文字对灰色文字的扫光效果，如图 8-68 所示。

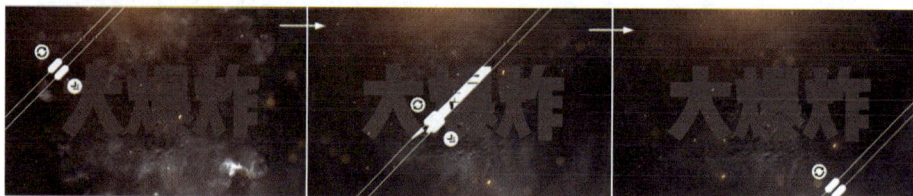

图 8-68　调整镜像蒙版位置

（6）将白色文字复制并粘贴在上方轨道，然后将其稍微向后移动几帧，并调整其"大小"为"宽35"，这样就出现了另一个扫光效果。

（7）继续为灰色文字添加"玻璃爆开"的出场动画，设置其时长为1s，使扫光完成后文字像玻璃那样炸开，最后选择合适的音效，完成效果的制作，如图 8-69 所示。

图 8-69　文字扫光与爆炸效果